FORSCHUNGSBERICHTE DES LANDES NORDRHEIN-WESTFALEN
Nr. 2428

Herausgegeben im Auftrage des Ministerpräsidenten Heinz Kühn
vom Minister für Wissenschaft und Forschung Johannes Rau

Prof. Dr.-Ing. Dr.-Ing. E.h. Hans Ebner
Dipl.-Ing. Hans Ruscheweyh

Institut für Leichtbau
der Rhein.-Westf. Techn. Hochschule Aachen

Windlasten an hyperbolischen Kühlturmschalen

Westdeutscher Verlag 1974

© 1974 by Westdeutscher Verlag GmbH, Opladen
Gesamtherstellung: Westdeutscher Verlag

ISBN-13: 978-3-531-02428-8 e-ISBN-13: 978-3-322-88260-8
DOI: 10.1007/978-3-322-88260-8

Gliederung

		Seite
1.	Einleitung	1
2.	Aufgabenstellung	2
3.	Modellversuch	3
	3.1 Versuchsbeschreibung	3
	3.2 Ergebnisse Modellversuch	4
	3.2.1 Der freistehende Kühlturm	4
	3.2.2 Kühlturm mit Kraftwerksgebäude	5
4.	Originalmessung	6
	4.1 Versuchsbeschreibung	6
	4.2 Auswerteverfahren	7
	4.2.1 Frequenzspektrum	8
	4.2.2 Korrelationen	13
	4.2.3 Überschreitungshäufigkeiten der einzelnen Druckwerte	16
5.	Meßergebnisse	19
	5.1 Wahrscheinlichkeit w_1 der Δp-Überschreitung	19
	5.2 Korrelation in Umfangs- und Meridianrichtung	21
	5.3 Wahrscheinliche maximale instationäre Druckverteilungen - ein praktisches Beispiel -	24
6.	Abschließende Bemerkungen	26
7.	Zusammenfassung	27
8.	Literatur	29
9.	Bezeichnungen	33
10.	Abbildungen	35

1. Einleitung

Eine Untersuchung des Stabilitäts- und Schwingungsverhaltens dünnwandiger Schalen ist nur sinnvoll, wenn die auf die Schalen wirkenden stationären und instationären Kräfte bekannt sind. Die Zerstörung mehrerer hyperbolischer Kühltürme in England im November 1965 hat gezeigt, daß auf diesem Gebiet noch erhebliche Lücken vorhanden sind. Die vorliegende Arbeit setzt sich zum Ziel, für solche doppelt negativ gekrümmten Schalen die zu Instabilitäten und Schwingungen führenden Erregerkräfte durch Versuche an Modellen und an Großausführungen zu bestimmen, wobei neben der mittleren Winddruckverteilung insbesonders die instationären Druckschwankungen interessieren.

Zeitlich gemittelte Druckverteilungen an Hyperboloiden unter Queranblasung wurden an Modellen von zahlreichen Autoren gemessen [1 - 12], wobei die Einflüsse von Oberflächenrauhigkeiten, Anströmturbulenzen und der Umgebungsbebauung untersucht wurden.

Allen diesen Versuchen haftet jedoch eine gewisse Unsicherheit hinsichtlich der Übertragbarkeit auf das Original an, da sich die Reynoldszahlen um ca. 10^2 unterscheiden. Eine erste Messung an einem Originalkühlturm wurde daher von H.J. Niemann [14] durchgeführt. Er konnte aufgrund seines Meßverfahrens aber nur Mittelwerte messen.

Über instationäre Drücke ist bisher nur von Davenport e.al. [4] und Armitt e.al. [6] berichtet worden. Sie führten ihre Versuche an starren und elastischen Modellen durch. Davenport untersuchte außerdem den Einfluß der Anströmturbulenz.
Auch diese Versuchsergebnisse sind unter dem Gesichtspunkt der Unsicherheit hinsichtlich des Reynoldszahleneinflusses zu sehen.

Hinzu kommt hier die starke Abhängigkeit von der Anströmturbulenz, die in der Natur von Ort zu Ort verschieden
sein kann.

Daher sind im Rahmen dieses Forschungsvorhabens neben Modelluntersuchungen umfangreiche Messungen instationärer
Winddrücke an Original-Kühlturmschalen durchgeführt worden.

2. Aufgabenstellung

Die Einflußgrößen Windturbulenz, Bauwerk und Umgebung er-
zeugen an der Bauwerksoberfläche Druckschwankungen unter-
schiedlicher Amplitude und Frequenz. Diese instationäre
Druckverteilung ist an einem räumlichen Körper sehr kom-
pliziert und wird im wesentlichen durch Zufallsprozesse
bestimmt. Eine analytische Aussage über alle möglichen
Verteilungen kann daher nicht erwartet werden. So werden
auch die Ergebnisse von Davenport [4] und Armitt [6]
in Form von r.m.s.-Werten[*)] über dem Umfang angegeben. Diese statistischen Mittelwerte sind zwar ein Maß für die
örtliche schwankende Windlast, sie liefern jedoch keine
Aussage über ihre räumlich-zeitliche Zuordnung.
Für den Entwurfsingenieur ist es aber wichtig, die im Le-
ben des Bauwerkes wahrscheinliche Maximallast zu kennen.
Dieser Höchstwert setzt sich aus einer zeitlich gemittel-
ten Druckverteilung und einer hinsichtlich der Bauwerksbelastung ungünstigen Verteilung der instationären Drücke
zusammen. Die Druckschwankungen sind also im Hinblick auf
das Auftreten ungünstiger Belastungsfälle zu untersuchen,
wobei Ziel die Angabe von Auftretenswahrscheinlichkeiten
ist.

---

*)
   r.m.s.-Wert = Wurzel des quadratischen Mittelwertes

3. Modellversuch
3.1 Versuchsbeschreibung

Zur Messung diente ein starres Kühlturmmodell mit hyperbolischer Außenkontur und der Streckung

$$\lambda = H/d_{min} = 2,4$$

Um die Umströmung des Modells den Verhältnissen in der Natur bei den sehr hohen Reynoldszahlen zwischen 10^7 und 10^8 ungefähr anzupassen ($Re_{Modell} = 6 \cdot 10^5$), wurde die Außenkontur mit schmalen Rauhigkeitsstreifen in Meridianrichtung versehen (s. Bild 1). Dabei wurde von einer Hauptausführung mit sehr hohen Windrippen ausgegangen. Die relative Streifenrauhigkeit betrug

$$\frac{k}{d_{min}} = 3 \cdot 10^{-3}$$

Um den Einfluß von einem vorgelagerten Kraftwerksgebäude und einem hohen Abgaskamin auf die Druckverteilungen am Kühlturm zu untersuchen, wurde ein entsprechendes Gebäudemodell mit der relativen Höhe $\frac{h_x}{H} = 0,58$ vor dem Kühlturm angeordnet. Durch Drehen des gesamten Komplexes konnten alle Windrichtungen simmuliert werden.
Der Versuch wurde in einem Windkanal mit gleichförmiger, turbulenzarmer Anströmung durchgeführt [1].

---

[1] Windkanal des Instituts für Luft- und Raumfahrt der TH Aachen, Göttinger Bauart, Düsendurchmesser 1,50 m, Geschwindigkeit bis 80 m/s.

Die Messung erfolgte gleichzeitig in 4 Ebenen am Kühlturm
mit Hilfe von elektrischen Druckaufnehmern, die in das
Modell eingebaut waren. Damit wurden Verfälschungen der
instationären Drücke infolge langer hydraulischer Zulei-
tungen vermieden

3.2 Ergebnisse Modellversuch
3.2.1 Der freistehende Kühlturm

Zuerst wurden die stationären und instationären Druckverteilungen am freistehenden Kühlturm gemessen. Bild 2
zeigt die mittleren Druckbeiwerte über dem halben Umfang.
Ebene 4 entspricht dabei dem engsten Kühlturmquerschnitt
(Hals). Man erkennt, daß im Halsquerschnitt die größten
stationären Sogwerte auftreten, während nach unten hin
insbesondere der Heckdruck und das Druckminimum leicht
zunehmen. Der Grund ist sicher in der räumlichen Strömung an den schrägen Kühlturmflanken zu suchen. In Bild 3
ist der instationäre Druckverlauf dargestellt (Standardabweichung = r.m.s.-Wert). Man erkennt, daß im Bereich
der Ablösung deutlich erhöhte Druckschwankungen auftreten. Zum Vergleich ist das Ergebnis von Davenport einge-
tragen, das ebenfalls an einem rauhen Modell und bei
gleichförmiger Anströmung gewonnen wurde. Im vorderen
Bereich der Ablösung findet auch Davenport ein ausgepräg-
tes Maximum, lediglich im Heckgebiet sind seine Werte
niedriger. Die zwei Maxima der hier gemessenen Kurven
dürfte auf ein "Springen" der Ablösung von einer Rauhig-
keitskante zur anderen zurückzuführen sein. Das mag auch
der Grund für eine erhöhte Heckturbulenz sein.

Im Bild 3 sind zwei weitere Kurven eingezeichnet, die die
r.m.s-Werte der Druckschwankung bei turbulenter Anströmung
einmal am Modell (Davenport) und zum anderen am Original
zeigen. Man erkennt, daß die Amplituden gegenüber der

glatten Anströmung erheblich ansteigen. Auffallend ist die gute Übereinstimmung zwischen Modell- und Originalmessung. Davenport unternahm seinen Modellversuch in einem Windkanal, in dem sowohl das Windprofil als auch das Windspektrum weitgehend nachgebildet worden war. Es zeigt sich also, daß Modelluntersuchungen in einem Grenzschichtwindkanal Werte liefern, die mit relativ großer Genauigkeit auf das Original übertragen werden können.

3.2.2 Kühlturm mit Kraftwerksgebäude

Die Bilder 4, 5 und 6 zeigen die drei wichtigsten Fälle der Anströmung aus Richtung der Kraftwerksgebäude [2]. Man erkennt, daß die mittleren Drücke infolge des Abschirmeffektes teilweise abgemindert werden, die instationären Werte aber erheblich ansteigen. Hier macht sich die starke Turbulenz der vom Gebäude abfließenden Wirbel bemerkbar. Im Falle $\beta = 0$ werden in der Nähe des Staupunktes r.m.s.-Werte von

$$(c_{p_{r.m.s.}})_{max} = 0,67$$

gemessen. Diese hohen Werte treten in der Ebene 4 auf, wo vom Kopf des Kesselhauses starke Wirbelballen auftreffen.

Bei schräger Anblasrichtung ergeben sich sowohl in der mittleren wie auch in der instationären Druckverteilung erwartungsgemäß asymmetrische Verhältnisse. So sind im Falle $\beta = -15°$ (Bild 6) im Winkelbereich $30° < \varphi < 80°$ noch relativ hohe mittlere Drücke bei gleichzeitig hohen instationären Werten zu beobachten.

---

[2] Die Versuche wurden mit einer glatten Anströmung durchgeführt. Eine Nachbildung der Erdgrenzschicht war zu dieser Zeit im Windkanal des Instituts für Luft- und Raumfahrt noch nicht möglich.

4. Originalmessung
4.1 Versuchsbeschreibung

Von 1966 - 1969 wurde in Scholven, Ruhrgebiet, ein Kraftwerk mit vier in Reihe stehenden Naturzugkühltürmen errichtet. Während der Bauphase bot sich die Gelegenheit, Druckmeßdosen in die Betonschale einzubauen, um die instationären Winddrücke an der Außenseite der Schale zu messen. Die erste Meßanordnung wurde am ersten Turm in Höhe des engsten Querschnittes installiert, eine weitere Messung am dritten Turm in drei Ebenen durchgeführt. Im Zuge des Baufortschrittes konnten Meßwerte sowohl am freistehenden Einzelturm als auch am Turm in Reihenanordnung erhalten werden.
Bild 7 zeigt die Anordnung der 4 Kühltürme mit den angrenzenden Kraftwerksgebäuden.
Die elektro-**induktiven** Druckmeßdosen wurden selbst entwickelt. Ihre Empfindlichkeit betrug im Durchschnitt 0,4 μD/mm WS. Da nur instationäre Drücke gemessen werden sollten, entfielen alle Umschalteinrichtungen zum Nullpunktsabgleich, und als Referenzdruck konnte der Druck in der geschlossenen rückwärtigen Kammer der Meßdose verwendet werden. Der stationäre Druckanteil wurde durch elektrische Nullpunktsunterdrückung eleminiert.
Mit Hilfe eines Schalenkreuzanemometers und einer Windfahne, die 15 m über dem oberen Kühlturmrand montiert war, wurden Windgeschwindigkeit und -richtung gemessen. Vorher war am Modellversuch der Einfluß des oberen Kühlturmrandes auf die Anzeige der Windgeschwindigkeit untersucht worden. Dazu wurde in verschiedenen Höhen "h" über dem Umfangswinkel φ der Staudruck q_φ gemessen und auf den Staudruck q_∞ der ungestörten Anströmung bezogen. Die so erhaltenen Eichkurven zeigt das Bild 8. Je nach Windrichtung ist also die Anzeige um den entsprechenden Faktor q_φ/q_∞ zu korrigieren. Für die Messung am Original wurde eine Höhe "h" für die Windmeßeinrichtung gewählt, die dem Wert $h/d = 0,34$ entspricht.

4.2 Auswerteverfahren

Wie bereits eingangs erwähnt, besteht die Aufgabe der Meßwertanalyse darin, aus dem regellosen Vorgang der Druckschwankungen an der Kühlturmschale diejenigen Kombinationen herauszufiltern, die eine ungünstige momentane Belastung für die Schale ergeben. Dazu kann die Korrelationsfunktion benutzt werden. Stehen "n" Zeitfunktionen zur Verfügung und werden für einen bestimmten Zeitraum alle möglichen Korrelationsfunktionen R_{ik} einschließlich der Autokorrelationsfunktion gebildet, so erhält man eine "Korrelations-Matrix" der Größe n^2:

$$\begin{matrix} R_{11} & R_{12} & R_{13} \cdots\cdots\cdots R_{1n} \\ R_{21} & R_{22} & R_{23} \cdots\cdots\cdots R_{2n} \\ R_{31} & R_{32} & R_{33} \cdots\cdots\cdots R_{3n} \\ \cdot & \cdot & \cdot \quad \cdot \quad\quad\quad \cdot \\ \cdot & \cdot & \cdot \quad \cdot \quad\quad\quad \cdot \\ \cdot & \cdot & \cdot \quad \cdot \quad\quad\quad \cdot \\ R_{n1} & R_{n2} & R_{n3} \cdots\cdots\cdots R_{nn} \end{matrix} \quad (1)$$

In der Hauptdiagonalen stehen die Autokorrelationsfunktionen. Die Matrix enthält alle Informationen über die Phasen- und Frequenzbeziehungen der Zeitfunktionen. Eine geschlossene Analyse hinsichtlich einer maximalen Bauwerksbelastung ist u.E. aber nicht bekannt.

Um jedoch zu einer Lösung zu kommen, die der ingenieurmäßigen Anwendung gerecht wird, müssen Vereinfachungen durchgeführt werden. Zuerst wird daher untersucht, ob eine Vereinfachung in der Frequenzabhängigkeit möglich ist. Dazu werden die Spektraldichten $S(f)$ und die Cross-Spektraldichten $CS(f)$ berechnet.

4.2.1 Frequenzspektrum

Die Zeitfunktion x(t) liegt als eine endliche Folge x(k) diskreter Meßpunkte mit konstantem Abstand (Δt = 1,25 sec) vor. Nach dem Abtasttheorem von Shanon ist damit die obere Grenzfrequenz gegeben durch

$$f_{max} = \frac{1}{2 \cdot \Delta t} = 0,4 \text{ Hz} \qquad (2)$$

Höhere Frequenzen in den Meßdaten führen zu "aliasing-Fehlern". Sie müssen vor der Analyse herausgefiltert werden. Es ergab sich jedoch, daß der Frequenzinhalt der Meßdaten unter 0,4 Hz lag, so daß auf eine Filterung verzichtet werden konnte.

Ein weiterer Fehler tritt bei der Fouriertransformation infolge der Endlichkeit der Meßdatenmenge auf. Dieser Fehler wird durch die Einführung eines geeigneten "window's" ausgeglichen. Man läßt die Meßdaten am Anfang und Ende der Meßreihe gegen Null gehen. Aus den bekannten "window"-Funktionen wurde die nach RBB [22] ausgewählt. Sie liefert den kleinsten Restfehler. Im Zeitbereich lautet sie

$$D(\tau) = 0,4266 + 0,4960 \cos\frac{\pi \cdot \tau}{T_m} + 0,0768 \cos\frac{2 \cdot \pi \cdot \tau}{T_m}; \quad |\tau| < T_m$$

$$D(\tau) = 0 \quad ; \quad |\tau| > T_m \qquad (3)$$

und im Spektralbereich

$$S(f) = 0,4266 \cdot S_o(f_i) + 0,248 \left[S_o(f_{i+1}) + S_o(f_{i-1}) \right]$$
$$+ 0,0384 \left[S_o(f_{i+2}) + S_o(f_{i-2}) \right] \qquad (4)$$

Die zeitliche Folge $x(k)$ wird mit Hilfe der Fast-Fourier-Transformation [23,24] in den Spektralbereich transformiert:

$$x(n) = \sum_{K=1}^{N} x(k) \cdot \exp.(-j \cdot 2 \cdot \pi \cdot (n-1) \cdot (K-1) / N) \qquad (5)$$

$$n = 1 \ldots\ldots\ldots N$$

Die Spektraldichte $S_o(f)$ ergibt sich dann aus dem Produkt der konjugiert komplexen Größen:

$$S_o(f) = \frac{1}{2 \cdot N \cdot \Delta t} \left[x(n) \cdot x^*(n) \right] \qquad (6)$$

und mit (4) die geglätteten Werte $S(f)$.

Weiterhin ist das Integral

$$\int_0^\infty S(f) \, df$$

ein Maß für die Energie der Schwankungsgröße $x(n)$. Stellt man f in log. Maßstab dar, so läßt sich auch schreiben:

$$\int_0^\infty S(f) \, df = \int_0^\infty f \cdot S(f) \, d(\ln f) \qquad (7)$$

Der Ausdruck $f \cdot S(f)$ wird als "logarithmisches Spektrum" bezeichnet. Die Fläche unter der Funktion $f \cdot S(f)$ kennzeichnet wieder die Schwankungsenergie und ist gleich dem Quadrat der Streuung σ. Damit läßt sich das log. Spektrum mit σ^2 normieren:

$$\int_0^\infty \frac{f \cdot S(f)}{\sigma^2} \, d(\ln f) = 1 \qquad (8)$$

Normiert man nun noch die Frequenzachse mit der mittleren Windgeschwindigkeit, so kann

$$\frac{f \cdot S(f)}{\sigma^2} \text{ über } \frac{f}{u} \quad (\text{bzw. } \frac{d \cdot f}{u} = \text{Str.}) \qquad (9)$$

dargestellt werden. Diese Funktion wird als "normiertes logarithmisches Spektrum" bezeichnet.

Wird in Gleichung (6) anstelle $x^*(n)$ die konjugierte Fouriertransformierte $y^*(n)$ einer zweiten Zeitfunktion $y(k)$ eingesetzt, so erhält man die Cross-Spektraldichte $CS_o(f)$, die ebenfalls mit (4) geglättet wird zu $CS(f)$.
Als Normierung wird hier das Produkt $\sigma_x \cdot \sigma_y$ eingesetzt, so daß man schließlich das "normierte logarithmische Cross-Spektrum" erhält:

$$\frac{f \cdot CS(f)}{\sigma_x \cdot \sigma_y} = f\left(\frac{d \cdot f}{u}\right) \qquad (10)$$

Es drückt die frequenzabhängige Korrelation der beiden Funktionen x und y aus.
Analysiert man aus einem regellosen Vorgang ein gewisses Teilstück (Probe), so kann das Frequenzbild zufällige Frequenzspitzen enthalten, die für den gesamten Vorgang nicht charakteristisch sind, sondern nur zufällig auftauchen. Solche zufälligen Spitzen treten bei der Windanalyse häufig auf. Es müssen daher eine Vielzahl von "Proben" entnommen, analysiert und die Ergebnisse gemittelt werden. Je mehr voneinander unabhängige "Proben" zur Verfügung stehen, um so freier wird

das Ergebnis von zufälligen Spitzen.
Im vorliegenden Fall wurde die "Probenlänge" von 128 Meßdaten
über den gesamten Bereich von 225 Daten um jeweils 1 Datensprung verschoben. Damit waren zwar die benachbarten Proben
nicht völlig unabhängig voneinander, es konnte aber eine
optimale Mitteilung erreicht werden. In Bild 9 sind die normierten logarithmischen Spektren verschiedener Meßpunkte dargestellt. Der Strouhalzahlbereich erstreckt sich über nahezu zwei Zehnerpotenzen und entspricht der Periodendauer von
2,4 - 154 sec. In Bild 10 ist das Spektrum des Windes angegeben. Vergleicht man Bild 9 mit Bild 10, so erkennt man,
daß mit Ausnahme des Winkelbereiches $\varphi = 90° - 112°$ sich
in den Druckspektren das Windgeschwindigkeitsspektrum wiederspiegelt. Das hat seinen Grund in der Normierung mit dem
Windstaudruck (Augenblickswert), der 15 m über dem oberen
Kühlturmrand gemessen wurde. Es war nicht zu erwarten, daß
die Korrelation zwischen dem Standort der Windmeßeinrichtung
und der Meßebene sehr gut ist. Folglich prägt sich der Frequenzgang des Windes den Druckmeßwerten auf. Eine Normierung
mit dem Mittelwert des Windstaudruckes ergab nahezu gleiche
Spektralbilder, woraus man erkennt, daß die Windgeschwindigkeiten in den verschiedenen Höhen in dem hier untersuchten
Frequenzbereich praktisch nicht korreliert sind.

In dem Winkelbereich $\varphi = 90° - 112°$ zeigt sich eine deutliche Energiespitze im Strouhalzahlbereich.

$$0,04 < Str < 0,2$$

Der Grund dafür ist sicher nicht in regelmäßigen Wirbelablösungen zu suchen, da diese bei der kurzen Streckung des
Bauwerkes und wegen der räumlichen Störungen in der Strömung
nicht erwartet werden können. Außerdem liegt die Strouhalzahl dafür zu niedrig.
Wie aus Modellversuchen bekannt ist, springt der Ablösepunkt
bei Rippenrauhigkeit von einer Rippe zur anderen. Da die
Windrichtung ständigen Schwankungen unterworfen ist, tritt
am Originalkühlturm mit seinen hohen Rippen sicherlich eben-

falls ein solches "Springen" auf. Als Folge entstehen in diesem Bereich stärkere Druckschwankungen.

Das Energiemaximum der Druckschwankungen liegt jedoch in allen Fällen bei sehr kleinen Frequenzen und weit unterhalb der tiefsten Eigenfrequenz des Kühlturmes von 1,0 Hz. Es tritt also keine fühlbare dynamische Vergrößerung infolge des dynamischen Verhaltens des Kühlturmes auf, so daß die maximalen Werte quasistationär behandelt werden können[3].

Es ist nun noch zu prüfen, welche Frequenzabhängigkeit zwischen verschiedenen Meßpunkten existiert. Dazu wurden die Cross-Spektraldichten nach Gleichung (10) berechnet. Wie sich aus dem folgenden Abschnitt 4.2.2 ergibt, war nur die Untersuchung in Meridianrichtung von Bedeutung. Es ergab sich nun, daß die "Schwankungsenergie" der Cross-Spektren um mehr als zwei Zehnerpotenzen niedriger liegt, wie in Bild 11 zu sehen ist. Eine gewisse Kopplung tritt durch die langsamen Windgeschwindigkeitsschwankungen und durch das "Springen" des Ablösepunktes auf. Bei den höheren Frequenzen ist die Kopplung praktisch gleich Null.
Aus dem Vorhergesagten lassen sich folgende Vereinfachungen ableiten:

1. Wegen des hohen Resonanzabstandes
kann auf die Betrachtung der Frequenzen verzichtet werden,
und
2. infolge der sehr schwachen Kopplung in Meridianrichtung können die Ereignisse in den einzelnen Meßebenen unabhängig voneinander angesehen und damit die Gesetzmäßigkeiten der kombinierten Wahrscheinlichkeit (s. Abschnitt 4.2.2) angewendet werden.

---

[3] Im Bereich der höheren Frequenzen ist das dynamische Verhalten der Schale natürlich nicht vernachlässigbar. Aufgrund der relativ hohen Werkstoffdämpfung von Betonkonstruktionen und den sehr kleinen Erregerkräften in diesem Bereich, ist die Resonanzbelastung als klein anzusehen. Diese Schlußfolgerung ist aber nicht unbedingt auf extrem schwach gedämpfte Systeme (z.B. geschweißte Stahlkonstruktionen) zu übertragen.

4.2.2 Korrelationen

Jede Spalte bzw. jede Reihe der Korrelationsmatrix (1) enthält die Korrelationsfunktionen bezogen auf die entsprechende Funktion der Hauptdiagonalen, d.h. sie kennzeichnen die Phasenbeziehung gegenüber dieser bestimmten Funktion. Ersetzt man die Korrelationsfunktionen durch die Korrelationsfaktoren

$$k_{ik} = \frac{\overline{\Delta f_i \cdot \Delta f_k}}{\sqrt{\overline{\Delta f_i^2} \cdot \overline{\Delta f_k^2}}} \tag{11}$$

zur Zeit $t = 0$, so reduziert sich jede Einzelfunktion der Matrix zu einer Zahl zwischen -1 und $+1$, und die Matrix wird symmetrisch.

Es werden nun verschiedene, physikalisch sinnvolle Phasenlagen, d.h. Korrelationsfaktoren vorgegeben und untersucht, ob diese Konstellation in der Matrix vorkommt. Um dieses einfach durchführen zu können, wird ein Summenwert definiert:

$$\overline{k} = \frac{1}{N_k} \sum_k a_k k_{B,k} \tag{12}$$

worin der Index "B" den festen Bezugspunkt kennzeichnet. Wenn die vorgewählte Form exakt auftritt, soll $\overline{k} = +1$ werden. Dazu müssen die Faktoren $a_k = 1$ oder $a_k = -1$

je nach relativer Lage der Meßpunkte "i" gegenüber "B" gesetzt werden. Da die Werte $k_{B,K}$ zwischen -1 und +1 liegen, ist ein Ergebnis für $\bar{k}$ zu erwarten, das ebenfalls zwischen -1 und +1 liegt.

Nun gilt die oben beschriebene Korrelationsmatrix für ein bestimmtes Zeitinterval Tm zu einer bestimmten Zeit τ. Verschiebt man dieses Zeitinterval um den Wert $\Delta\tau$, so lassen sich immer neue Matrizen bilden und damit immer neue Summenwerte $\bar{k}$ (s. Bild 12a). Diese Anzahl von $\bar{k}$-Werten läßt sich klassifizieren, so daß eine Häufigkeitsverteilung w_2 berechnet werden kann (s. Bild 12b und 12c):

$$w_2 = \frac{m_i}{m_o} \qquad (13)$$

mit m_o = Gesamtzahl der $\bar{k}$-Werte
m_i = Zahl der $\bar{k}$-Werte der Klasse i

Da $\bar{k}$ nicht größer als 1 werden kann, muß die Kurve $\bar{k}(w_2)$ dem Wert 1 zustreben.
Sie läßt sich also über die gewonnenen Meßpunkte hinaus verlängern, so daß auf längere Meßzeiten und damit auf kleinere Wahrscheinlichkeiten extrapoliert werden kann.

Für jede vorgewählte Verteilungsform gibt es eine $\bar{k}(w_2)$-Kurve. Bei der hier vorgenommenen Messung am Originalkühlturm konnten nun aufgrund der begrenzten Anzahl gleichzeitig zu registrierender Meßkanäle immer nur ein Teil der Korrelationsmatrix aufgestellt werden. Es mußte demnach ein Weg gefunden werden, diese Teile in sinnvoller Weise miteinander zu verbinden. Die Theorie der Wahrscheinlichkeitslehre besagt, daß "die Wahrscheinlichkeit des gleichzeitigen Eintretens zweier Ereignisse gleich dem Produkt der Wahrscheinlichkeit des ersten Ereignisses mit der bedingten Wahrscheinlichkeit des zweiten ist, welche unter der Voraussetzung berechnet wird, daß das erste Ereignis bereits eingetreten ist". (Multiplikationsregel)

Man schreibt:

$$W(A \text{ und } B) = W(A) \cdot W(B|A) \qquad (14)$$

Bei voneinander unabhängigen Ereignissen geht die bedingte Wahrscheinlichkeit $W(B|A)$ in die unbedingte Wahrscheinlichkeit $W(B)$ über und man erhält:

$$W(A \text{ und } B) = W(A) \cdot W(B)$$

Es ist nun zu prüfen, ob die Korrelationsmatrix in unabhängige Teile zerlegt werden kann:

Für ein rotationssymmetrisches Bauwerk erweist es sich als zweckmäßig, Einteilungen in horizontaler und vertikaler Richtung vorzunehmen. Während nämlich die Druckschwankungen in einer horizontalen Ebene infolge der Strömungsgesetze stark voneinander abhängen, besteht in vertikaler Richtung nur eine schwache Kopplung, wie durch die Cross-Spektraldichten im Abschnitt 4.2.1 gezeigt werden konnte.

Damit lassen sich sowohl in der einen als auch in der anderen Richtung entsprechende $\bar{k}$-Kurven berechnen, die weitgehend voneinander unabhängig sind. Die Wahrscheinlichkeiten in horizontaler Richtung sollen mit w_{2_h}, die in vertikaler Richtung mit w_{2_v} bezeichnet werden.
Damit ergibt sich die kombinierte Wahrscheinlichkeit hinsichtlich des Auftretens bestimmter Korrelationskombinationen zu

$$w_2 = w_{2_h} \cdot w_{2_v} \qquad (15)$$

Es ist nun noch zu klären, welches Zeitintervall T_m zur Berechnung der Korrelationskoeffizienten zugrunde zu legen ist. Da die maximalen Lasten ermittelt werden sollen, ist eine solche Zeitspanne zu wählen, in der die größten Schwankungen auftreten. Mit der Standardabweichung

$$\sigma = \frac{1}{T} \sqrt{\sum_{t=0}^{T} \left(f(t) - \bar{f} \right)^2} \qquad (16)$$

steht eine geeignete Maßzahl zur Verfügung. Für stationäre Prozesse und großes T ist σ eine konstante Größe. Bei genügend kleiner Zeit T ist σ von der Position des Zeitintervals abhängig und streut in einem gewissen Bereich. Ist $\bar{f}$ der Mittelwert des jeweiligen Ausschnittes der Länge T aus der Zeitfunktion, so erhält man σ-Werte, die von einer konstanten Größe bei großen Zeiten T ausgehend mit kleinerer Zeit T immer stärker streuen, um schließlich bei sehr kleinem T gegen Null zu streben. Es ist zu vermuten, daß die höchsten Streuwerte bei einer bestimmten Zeit T ein Maximum aufweisen.
Tatsächlich findet sich ein solches Maximum, wie in den Bildern 13a-d zu sehen ist. Es zeigt sich, daß die Zeiten T der größten σ-Werte in den gezeigten Diagrammen nur wenig voneinander abweichen. Es wird T = 36 s als Zeitinterval Tm zur Berechnung der Korrelationskoeffizienten angesetzt.

4.2.3 Überschreitungshäufigkeit der einzelnen Druckwerte

Die Druckschwankungen an der Kühlturmschale können als regelloser Vorgang angesehen werden. Ihre Überschreitungshäufigkeiten nach Bild 14 liefern Wahrscheinlichkeitskurven w_1 für jeden Meßpunkt (s. Bild 15).
Bei der Bildung des Korrelationskoeffizienten $k_{i,k}$ (Gl. 11) war durch die Normierung die Amplitude der Schwankung herausgefallen. Das war nötig gewesen, um die Korrelationsanalyse durchführen zu können. Jetzt müssen beide Dinge wieder miteinander verknüpft werden.

Wieder unter der Voraussetzung der statistischen Unabhängigkeit kann die kombinierte Wahrscheinlichkeit mit w_1 erweitert werden:

$$w = w_1 \cdot w_{2h} \cdot w_{2v} \qquad (17)$$

w_1 errechnet sich aus dem Verhältnis (s. Bild 14)

$$w_1 = \frac{N_k}{N_o} \qquad (18)$$

Die Anzahl N_o der Nullüberschreitungen kann ersetzt werden durch eine mittlere Nullüberschreitungsfrequenz n_o mal der Meßzeit T:

$$N_o = n_o \cdot T \qquad (19)$$

Bei genügend großen Zeiten T (d.h., wesentlich größer als die Periodendauer der Druckschwankungen) ist n_o nahezu eine Konstante, wie die Messungen ergeben haben.

Die Gesamtwahrscheinlichkeit w stellt das Verhältnis der Anzahl M wahrscheinlicher Ereignisse zur Anzahl M_o der Gesamtereignisse dar.

$$w = \frac{M}{M_o} \qquad (20)$$

M_o wird als Mittelwert aller Nullüberschreitungen definiert. Entsprechend Gl. (19) läßt sich auch hier eine mittlere Ereignisfrequenz m_o anschreiben:

$$M_o = m_o \cdot T \qquad (21)$$

mit

$$m_o = \frac{1}{N} \sum_1^N n_o \qquad (21)$$

Damit wird

$$w = \frac{M}{m_o \cdot T} = w_1 \cdot w_{2h} \cdot w_{2v}$$

Für <u>ein</u> Ereignis in der Zeit $T = T_s$ (T_s = Sturmdauer) läßt sich die Wahrscheinlichkeit w_1 errechnen. Es gilt für $M = 1$:

$$w_1 = \frac{1}{m_o \cdot T_s} \quad \frac{1}{w_{2h} \cdot w_{2v}} \qquad (22)$$

w_{2h} und w_{2v} ergeben sich aus der Vorgabe eines kritischen Wertes von k_{krit} bei dem die angenommene Korrelationsverteilung genügend genau ereicht ist, m_o ist aus der Messung bekannt, und T_s ist ein meteorologischer Parameter.
Für eine genügend große Anzahl Punkte des Bauwerkes muß nun ein aus Meßwerten gewonnenes Wahrscheinlichkeitsschaubild $\Delta p/\bar{q}$ (w_1) vorhanden sein, aus dem sich die zu w_1 gehörende wahrscheinliche Amplitude $\Delta p/\bar{q}$ ablesen läßt. Die vorher in der Rechnung zu Grunde gelegte Phasenlage (ausgedrückt in w_{2h} und w_{2v}) bestimmt nun die Form der instationären Druckverteilung.
Will man nur die Verhältnisse in einer Ebene betrachten, gilt Gleichung (22) entsprechend, nur muß in diesem Falle $w_{2v} = 1$ gesetzt werden.

5. Meßergebnisse

Die an den Kühltürmen gewonnenen Meßschriebe wurden nachträglich digitalisiert und auf dem Computer der TH Aachen ausgewertet (CD 6400).

5.1 Wahrscheinlichkeit w_1 der Δp-Überschreitung

Die gemessenen Druckschwankungen an der Kühlturmschale sind in positiver Richtung nicht symmetrisch, ihre Unterschiede im allgemeinen aber klein. Da sowohl eine negative als auch eine positive Druckschwankung in der Schale gleichwertige Spannungen hervorruft, müssen beide Wahrscheinlichkeiten addiert werden. W_1 stellt also die Wahrscheinlichkeit einer positiven oder negativen Druckschwankung Δp dar und ist im Bild 15 für verschiedene Umfangswinkel φ dargestellt[4]. Man erkennt daraus, daß für verschiedene Umfangswinkel φ unterschiedliche Druckschwankungen zu erwarten sind.

Eine andere Darstellungsart erhält man, wenn die Schwellwerte $\Delta p/\bar{q}$ bei festgehaltenem w_1-Wert über dem Umfangswinkel φ aufgetragen werden (Bild 16). Hier zeigt sich deutlich, daß zum einen in Staupunktnähe die höchsten Druckschwankungen auftreten und zum anderen vor dem Ablösepunkt ein schwaches Maximum erscheint, welches bei sinkender Wahrscheinlichkeit w_1, d.h. bei größeren Druckamplituden stärker hervortritt.

In Bild 16 sind weiterhin die Standardabweichungen $\sigma(\varphi)$ dargestellt. Man erkennt, daß $\sigma(\varphi)$ etwa der Kurve $w_1 = 1$ entspricht. Folglich läßt sich aus σ folgende grobe empirische Abschätzung machen:

---

[4] Aus Symmetriegründen ist nur der Winkelbereich $0 \leq \varphi \leq 180°$ dargestellt

Sind die Standardabweichungen $\sigma(\varphi)$ bekannt, so lassen sich die Amplituden geringerer Wahrscheinlichkeit w_1 proportional zu $\sigma(\varphi)$ angeben. Sinkt nämlich die Wahrscheinlichkeit w_1 um r-Zehnerpotenzen ab, so können die instationären Drücke mit

$$\frac{\Delta p(\varphi)}{\bar{q}} = (r+1)\sigma(\varphi) \qquad (23)$$

angesetzt werden.

Die turbulenten Strömungen, die von den Kraftwerksgebäuden ausgehen, wirken sich in den drei Meßebenen verschieden aus. Diese Auswirkungen hängen selbstverständlich von der Höhe und Ausdehnung der Gebäude ab. Im vorliegenden Fall reicht die größte Höhe des Kesselhauses (70 m) bis etwas über die mittlere Meßebene (66 m). Die abgehenden Turbulenzen, insbesondere der Kopfwirbel des Kesselhauses, erhöhen die instationären Drücke in dieser Ebene erheblich. Im Bild 17 sind die instationären Druckbeiwerte über der Wahrscheinlichkeit w_1 für den Meridianschnitt $\varphi = 30°$ dargestellt. Man erkennt, daß die Druckschwankungen in der mittleren Ebene etwa doppelt so groß sind wie in der oberen Ebene (Halsquerschnitt).
Diese Aussage gilt für den Winkelbereich auf der Luvseite, hinter dem Ablösepunkt ist dieser Turbulenzeinfluß schwächer.
Bei der Beurteilung der Meßwerte in der unteren Ebene ist zu beachten, daß einmal dieser Bereich im Windschatten des gesamten Kraftwerkgebäudekomplexes liegt und zum anderen die Normierung mit $\bar{q}$ aus der Windmessung 15 m über dem Kühlturmrand erfolgte. Würde man das Windprofil berücksichtigen, so müßten die Ergebnisse der unteren Meßebene um ca. 30 % erhöht werden.

5.2 Korrelation in Umfangs- und Meridianrichtung

Für die Berechnung der Korrelationen in Umfangsrichtung wurde als Bezugspunkt die erste Meßstelle nach dem Staupunkt ausgewählt ($0 < \varphi < 60°$) und die einzelnen Korrelationsfaktoren $k_{B,K}$ nach Gl. (11) berechnet, wobei der Index "i" in der Gleichung (11) gleich "B" (Bezugspunkt) gesetzt wurde.

Für die Kühlturmschale ist nun die Frage zu klären, welche Kombinationen der $k_{B,K}$-Faktoren zu ungünstigen Belastungen führen. Aus statischen Überlegungen wurden hier die Formen nach Bild 18 angenommen.

Für die einzelnen Formen ergeben sich nach Gl. (12) die Mittelwerte

A 1 : $\bar{k} = \frac{1}{N_n} [\sum_n k_{B,n}(0° < \varphi_n \leq 180°) - \sum_n k_{B,n}(180° < \varphi_n \leq 360°)]$

A 2 : $\bar{k} = \frac{1}{N_n} [\sum_n k_{B,n}(315° < \varphi_n \leq 135°) - \sum_n k_{B,n}(135° < \varphi_n \leq 315°)]$

A 3 : $\bar{k} = \frac{1}{N_n} [\sum_n k_{B,n}(270° < \varphi_n \leq 90°) - \sum_n k_{B,n}(90° < \varphi_n \leq 270°)]$

B 1 : $\bar{k} = \frac{1}{N_n} [\sum_n k_{B,n}(\begin{smallmatrix}180° < \varphi_n \leq 270°\\ 0° < \varphi_n \leq 90°\end{smallmatrix}) - \sum_n k_{B,n}(\begin{smallmatrix}270° < \varphi_n \leq 360°\\ 90° < \varphi_n \leq 180°\end{smallmatrix})]$

B 2 : $\bar{k} = \frac{1}{N_n} [\sum_n k_{B,n}(\begin{smallmatrix}135° < \varphi_n \leq 225°\\ 315° < \varphi_n \leq 45°\end{smallmatrix}) - \sum_n k_{B,n}(\begin{smallmatrix}225° < \varphi_n \leq 315°\\ 45° < \varphi_n \leq 135°\end{smallmatrix})]$

C 1 : $\bar{k} = \frac{1}{N_m} [\sum_m k_{B,m}(\varphi)]$ (m = Nummer der Meßebene)

$\bar{k}$ wird klassifiziert und auf die Gesamtzahl der $\bar{k}$-Werte bezogen. Da die Anzahl der Klassenwerte und die Anzahl der Gesamtwerte proportional der willkürlich gewählten Schrittweite $\Delta \tau$ ist (s. Bild 12), ist das Verhältnis

$$w_2 = \frac{\text{Anzahl } \bar{k}_i}{\text{Gesamtanzahl } \bar{k}}$$

unabhängig von $\Delta\tau$ und, so weit das Gesetz der großen Zahlen gültig ist, auch unabhängig von der Meßzeit T_m. w_2 stellt die Wahrscheinlichkeit des im Mittel einmaligen Auftretens von $\bar{k}$ dar und ist in Bild 19 dargestellt. w_{2h} bezieht sich auf die horizontale (Formen A1, A2, A3, B1, B2) und w_{2v} auf die vertikale Richtung (Form C1).

Aus Bild 19 erkennt man Folgendes:

1.) Die Korrelation in vertikaler Richtung ist sehr gut, die Kurve C1 nähert sich sehr rasch dem Idealwert $k = +1$. Dies gilt für alle gemessenen Meridiane, so daß die dargestellte Kurve für den gesamten Umfang repräsentativ ist.

2.) Von den untersuchten Formen in Umfangsrichtung (A1 bis B2) tritt die Form A1 am häufigsten auf. Der kritische Wert von $\bar{k} = 0,7$ wird bereits bei einer Wahrscheinlichkeit von 10^{-2} überschritten, d.h. bei der 100ten Druckschwankung ist die Wahrscheinlichkeit gegeben, daß sich die Druckverteilungsform, die dem Typ A1 sehr nahe kommt, in einer Ebene einstellt.

Die Verteilungsformen vom Typ A2 und B1 erreichen den kritischen $\bar{k}$-Wert erst bei einer Wahrscheinlichkeit von $w_{2h} = 3 \cdot 10^{-4}$ und dürften i.a. keine große Bedeutung für die Praxis haben.

Die Verteilungsformen vom Typ A3 und B2 zeigen ebenfalls nur sehr kleine k-Werte und sind in der praktischen Anwendung vernachlässigbar.

In die Gleichung (22) ist für w_{2v} der Wahrscheinlichkeitswert einzusetzen, der sich bei gleichzeitiger Erfüllung der Form C1 in allen Meridianschnitten ergibt. Aus meßtechnischen Gründen war aber die gleichzeitige Registrierung aller Meßpunkte nicht möglich. Es muß daher eine Abschätzung vorgenommen werden.

1. Unterstellt man, daß eine vollständige Abhängigkeit der
   Ereignisse in Umfangsrichtung dergestalt existiert, daß,
   wenn in einem Meridianschnitt Gleichphasigkeit herrscht,
   diese auch in allen anderen Schnitten angetroffen wird,
   so kann die Wahrscheinlichkeit der Kurve $C1_h$ des Bildes 20 direkt eingesetzt werden.

2. Sicherlich existiert aber eine solche strenge Abhängigkeit nicht, eine vollkommene Unabhängigkeit muß aber aus
   strömungstechnischen Gründen ebenfalls ausgeschlossen
   werden.

3. Eine "wirklichkeitsgetreuere" Abschätzung kann nun über
   den Vergleich zweier Meßebenen erreicht werden:
   Infolge der Unabhängigkeit der Ereignisse in zwei benachbarten Meßebenen (s. Abschnitt 4.2.1) läßt sich für
   die kombinierte Wahrscheinlichkeit der Form A1 bei
   $\bar{k} = 0,7$ schreiben:

$$W^* = W_{2h_1} \cdot W_{2h_2} = 10^{-2} \cdot 10^{-2} = 10^{-4}$$

Das gleiche Ergebnis muß über die Betrachtung des Vertikal-
schnittes erreicht werden:

$$W^* = W_{2h} \cdot W_{2v}^*$$

$$W_{2v}^* = W^*/W_{2h} = \frac{10^{-4}}{10^{-2}} = 10^{-2}$$

Die Wahrscheinlichkeit W_{2v}^* für <u>einen</u> Meridianschnitt und
über <u>zwei</u> Meßebenen ergibt sich aus Bild 19 (C1a) zu

$$W_{2v(a)} = 10^{-1}$$

Ein Vergleich mit W_{2v}^* zeigt, daß die Einzelwahrschein-
lichkeit mit dem Exponenten α erweitert werden muß:

$$\left(W_{2v(a)}\right)^\alpha = W_{2v}^*$$

$$\left(10^{-1}\right)^\alpha = 10^{-2}$$

$$\alpha = 2$$

d.h. zwei Einzelwahrscheinlichkeiten in Meridianrichtung am Umfang verteilt beschreiben die integrale Phasenbeziehung. Diese Erkenntnis wird auf die gesamte Meridianlänge übertragen. Die Wahrscheinlichkeit der Kurve C1 ist also entsprechend mit $\alpha = 2$ zu potenzieren.

und man erhält mit (22):

$$W_1 = \frac{1}{m_o T_s} \cdot \frac{1}{W_{2h}\left(W_{2v(b)}\right)^2} \quad (24)$$

$$m_o = 3.9 \text{ min}^{-1}$$

5.3 Wahrscheinliche maximale instationäre Druckverteilungen
   - ein praktisches Beispiel -

Aus dem Bild 19 liest man bei dem kritischen Korrelationswert von $\bar{k} = 0{,}7$ für die horizontale Verteilungsform vom Typ A1 und der vertikalen vom Typ C1b ab:

$$W_{2h} = 10^{-2} \qquad W_{2vb} = 8 \cdot 10^{-2}$$

und man erhält mit $m_o = 3{,}9 \text{ min}^{-1}$

$$W_1 = \frac{4 \cdot 10^3 \text{ min}}{T_s} \quad (25)$$

Für verschiedene Sturmzeiten T_s sind in der Tabelle I die Überschreitungswahrscheinlichkeiten w_1 und die dazugehörenden Druckbeiwerte $\Delta p/\bar{q}$ nach Bild 15 zusammengestellt.

T_s	w_1	$\Delta p/\bar{q}$						
		φ						
		5	30	60	90	115	150	180
70 h	0,95	0,53	0,33	0,25	0,24	0,17	0,08	0,08
140 h	0,475	0,66	0,45	0,37	0,39	0,30	0,15	0,14
700 h	0,095	0,89	0,66	0,59	0,66	0,56	0,29	0,26
1400 h	0,0475	0,98	0,75	0,67	0,76	0,65	0,35	0,30

Tabelle I: Überschreitungswahrscheinlichkeit w_1 des im Mittel einmaligen Auftretens der instationären Druckbeiwerte und ihre Größe $\frac{\Delta p}{\bar{q}}$ in Abhängigkeit vom Umfangswinkel φ und der Sturmdauer T_s.

$\bar{q}$ = 5-min-Mittel des Windstaudruckes.

Unter Berücksichtigung der Phasenlage entsprechend der hier zugrunde gelegten Verteilungsform vom Typ A1 ergibt sich das Druckdiagramm der instationären Drücke in Bild 20. Man beachte, daß die Drücke periodisch von plus nach minus wechseln. Der gezeichnete Zustand zeigt den Fall, bei dem die Amplituden auf der rechten Kühlturmseite gerade ihr positives, auf der linken ihr negatives Maximum erreicht haben. Eine halbe Periode später stellt sich das Bild umgekehrt dar, rechts sind die Drücke negativ und links positiv. Der Übergangsbereich bei $\varphi = 0$ wird sich in der Natur sicherlich kontinuierlich ausbilden. Außerdem bleibt der Staupunkt nicht immer an einer konstanten Stelle liegen, sondern wandert mehr oder weniger hin und her. Damit dürfte der Übergangsbereich etwa in der angedeuteten Form realistischer sein. Das Gleiche gilt für den Bereich bei $\varphi = 180°$.

Unter der Voraussetzung, daß die Eigenfrequenzen der Kühlturmschale weit über den gefährlichen Winddruckfrequenzen liegen, sind die in Bild 20 ermittelten instationären Druckwerte quasistationär zu betrachten. Damit können sie direkt der mittleren Druckverteilung überlagert werden.

6. Abschließende Bemerkungen

Die Anwendung des beschriebenen Verfahrens, aus unregelmäßigen instationären Druckverläufen an Bauwerken diejenigen Verteilungsformen herauszufiltern, die für das betreffende Bauwerk zu ungünstigen Belastungen führen, kann für jede beliebige Baukörperform angewendet werden.[5] Es müssen nur vergleichbare Originalmessungen vorliegen, die es erlauben, die dort gemessenen Wahrscheinlichkeiten auf ähnliche Bauwerke zu übertragen. Dazu gehört die Kenntnis der zu erwartenden Windstruktur und des Einflusses von vorgelagerten Störkörpern.

In diesem Sinne wäre es also wichtig, Originalmessungen für verschiedene Bauwerksarten in verschiedener typischer Umgebung durchzuführen und in der vorgeschlagenen Weise auszuwerten. Damit könnte für den Entwurfsingenieur eine hilfreiche Zusammenstellung für die Annahme der instationären Windlasten erstellt werden.

---

[5] Das Verfahren kann als eine Art "Suchtonanalyse" bebezeichnet werden.

7. Zusammenfassung

Um Aufschluß über instationäre Windkräfte an hyperbolischen Schalenbauwerken im natürlichen Wind zu erhalten, wurden sowohl am Modell als auch am Original eines Naturzugkühlturmes Messungen vorgenommen. Am Modell wurde die natürliche Umströmung mittels Rippenrauhigkeit näherungsweise simmuliert. Es zeigen sich starke Unterschiede in der Druckschwankung (r.m.s.-Wert) bei glatter und turbulenter Anströmung. Weiterhin erhöhen hohe Gebäude und Kamine in der Anströmrichtung die Druckschwankungen insbesondere an der Luvseite des Kühlturmes erheblich und können zu starken asymmetrischen Druckverteilungen führen.

Die Originalmessung wurde an einem von vier in Reihe stehenden hyperbolischen Naturzugkühltürmen von 114 m Höhe in drei Ebenen durchgeführt. Während der Bauphase konnten 18 Druckmeßdosen in die Betonschale eingelassen werden.

Die Analyse der Meßdaten wurde mit Hilfe statistischer Methoden vorgenommen. Dabei konnten in der Korrelationsmatrix gewisse Vereinfachungen vorgenommen werden:

1. Wie die Frequenzanalyse zeigte, liegen die großen Erregerkräfte bei sehr niedrigen Frequenzen (wesentlich niedriger als die tiefste Bauwerksfrequenz), so daß eine quasistationäre Betrachtungsweise erlaubt ist. Das gilt nicht für sehr schwach gedämpfte Konstruktionen (z.B. geschweißte Stahlkonstruktionen).

2. Die Unabhängigkeit der Ereignisse in den einzelnen Meßebenen erlaubte die Korrelationsmatrix aufzuspalten und die Teile mit Hilfe der kombinierten Wahrscheinlichkeit wieder miteinander zu verbinden. Damit konnte der meßtechnische Aufwand auf einen Bruchteil reduziert werden.

Zuerst wurden die Überschreitungshäufigkeiten der einzelnen Meßpunkte festgestellt und dann ihre Phasenzuordnung mit Hilfe vorgegebener Verteilungsformen über einen geeignet definierten mittleren Korrelationsfaktor $\bar{k}$ berechnet. Dieses Verfahren kann als eine Art "Suchtonanalyse" bezeichnet werden und führt zu Wahrscheinlichkeiten des Auftretens bestimmter Phasenverteilungsformen sowohl in Umfangs- als auch in Meridianrichtung. Weiterhin liefert die Auswertung eine mittlere Nullüberschreitungsfrequenz m_o, die als Bezugseinheit verwendet wird.

Unter Zugrundelegung einer aus der Meteorologie vorzugebenden Sturmdauer T_s kann die Wahrscheinlichkeit w_1 der im Mittel einmalig auftretenden Druckschwankung berechnet werden:

$$w_1 = \frac{1}{m_o \, T_s} \frac{1}{w_{2_h} \cdot (w_{2_{v(b)}})^2} \qquad m_o = 3{,}9 \; \frac{1}{\min}$$

w_{2h} und w_{2_v} sind aus dem Bild 19 bei $\bar{k}_{krit}$ abzulesen. Aus den Diagrammkurven $\frac{\Delta p}{q} = f(w_1)$ des Bildes 15 kann danach die maximal zu erwartende instationäre Druckverteilung ermittelt werden. Eine Beispielrechnung für verschiedene Sturmdauer T_s wurde für einen Selbstzugkühlturm durchgeführt und in Bild 20 graphisch dargestellt.

Dank des freundlichen Entgegenkommens der VEBA-Kraftwerk Ruhr GmbH konnten die Originalmessungen an den vier Kühltürmen des Kraftwerkes Scholven durchgeführt werden. Die Vorbereitung und Durchführung der Messung wurde in großzügiger Weise von den Firmen Balcke AG, Bochum (jetzt Balcke-Dürr) und E. Heitkampf GmbH, Wanne-Eickel, unterstützt. Den Unternehmen sei hiermit gedankt.

8. Literatur

[1] A. Fischer — Modellversuche zur Bestimmung der Druckverteilung an Kühltürmen. Schweizerische Bauzeitung 71, Nr. 2, 1953, S. 15...18.

[2] C.F. Cowdrey, P.G.G. O'Neill — Report of tests on a model cooling tower for the C.E.A.-Pressure measurements at high Reynolds numbers. NPL Aero Report 316a, 1956

[3] G. Schüring — Beitrag zur Bemessung von hyperbolischen Stahlbeton-Kühltürmen. Diss. Karlsruhe 1964

[4] A.G. Davenport, N. Isyumow — The dynamic and static action of wind on hyperbolic cooling towers. Engineering Science research report BLWT-1-66, London (Canada), 1966, S. 1...36.

[5] F. Hayn — Druckverteilungsmessungen am Modell des Kraftwerks Scholven. Deutsche Versuchsanstalt für Luft- und Raumfahrt e.V., Bericht AM 511, 1967

[6] J. Armitt, J. Counihan, D.J. Millborrow, D.J.W. Richards — "Wind tunnel measurments of the surface pressures on models of the Ferrybridge "C" Cooling tower" CERL, Report No. RD/L/R 1430, 1967

[7] J. Armitt   The Effects of Surface Roughness
                          and Free Stream Turbulence on the
                          Flow around a Model Cooling Tower
                          at Critical Reynolds Numbers.
                          Proc., Loughborough University of
                          Technology, 1968, Vol.1, S. 6.1-6.8

[8] H. Ruscheweyh   "Untersuchung des Einflusses der
                          Kraftwerksgebäude auf die Windbe-
                          lastung eines Naturzugkühlturmes"
                          Institut f. Leichtbau, TH Aachen,
                          Bericht Nr. 21/1968 und Bericht
                          Nr. 21/69 (interne Berichte)

[9] H. Ruscheweyh   "Untersuchung des Einflusses einer
                          Bergkulisse auf die Windbelastung
                          eines Naturzugkühlturmes.
                          Institut f. Leichtbau, TH Aachen,
                          Bericht Nr. 7/1969 (interner Bericht)

[10] K. Weigmann   Hyperbolische Kühltürme und Kühl-
     K. Heyde   turmgruppen unter Windbelastung.
     F. Rothe   Bauplanung-Bautechnik 24, 1970,
                          S. 319...322.

[11] C. Scruton   The problems of estimating wind
                          loading on structures with spe-
                          cial reference to cooling towers.
                          In: Natural draught cooling towers-
                          Ferrybridge and after,
                          The Institution of Civil Eng.,
                          London 1967, S. 85...89.

[12] P.E. Colin, "High Reynold's Simulation in Wind-
    D. Olivari   Tunnel Testing of Cooling-Tower Models"
                  Colloquium on "Recommendations for
                  the structural design of hyperbolic
                  or other similary shaped cooling
                  towers"
                  I.A.S.S., Brüssel 1971

[13] N. Isyumov,   Approaches to the design of Hyper-
    S.H. Abu-Sitta,   bolic Cooling Towers against the
    A.G. Davenport   dynamic action of wind and earth-
                      quake.
                      Bull. Intern. Ass. for Shell a.
                      Spatial Structures, No. 48, 1972

[14] H.-J. Niemann   "Zur stationären Windbelastung ro-
                      tationssymmetrischer Bauwerke im Be-
                      reich transkritischer Reynoldszah-
                      len",
                      Inst. f. konstr. Ing.-Bau, Ruhr-
                      Universität Bochum, Mittlg. 71-2
                      (1971)

[15] A. Lindner   Statistische Methoden, Birkhäuser
                      Verlag, Basel u. Stuttgart, 1960

[16] J. Kowalewski   Beschreibung regelloser Vorgänge,
                      VDI-Fortschrittberichte, Reihe 5,
                      Nr. 7, April 1969, p. 7/28

[17] G. Hirsch   Newer investigations of nonsteady
    H. Ruscheweyh   wind loadings and the dynamic respon-
                      se of tall buildings and other con-
                      structions,
                      Proc. of 3rd Int. Conf. on Wind
                      Effects on Buildings and Structures,
                      Tokyo, 1971

[18] H. Ruscheweyh Messungen instationärer Winddrücke an Originalselbstzug-Kühlturmschalen,
Proc. of the Conf. on Tower Shaped Structures,
IASS, The Hague, April 1969, p. 227/242

[19] H. Ruscheweyh Instationäre Windkräfte an hyperbolischen Kühlturmschalen.
Haus d. Technik - Vortragsveröffentl.
Heft 180, Vulkan-Verlag, Essen (1968)

[20] G. Hirsch,
J. Kowalewski,
H. Ruscheweyh "Methods for Design Optimization of fluctuating aerodynamically loaded Shells of mechanical and natural Draught Cooling Towers"
Proceedings of the Intern. Symposium on Experimental Mechanics, 1972, University of Waterloo, Waterloo, Ontario, Canada

[21] A.G. Davenport The Application of Statistical Concepts to the Wind Loading of Structures.
Proc. Instn. Civ. Engrs., 19, 1961, S. 449...472.

[22] R.B. Blackman
J.W. Tuckey The Measurement of Power Spectra.
Dover Publ. New York, 1958

[23] W.T. Cochran
et. al.: What is the Fast Fourier Transform?
Proceedings of the IEEE. Vol. 55, No. 10, Okt. 1967

[24] Berauer Subroutine, "FAFU" für CD 6400 der TH Aachen,
Inst. f. Hochfrequenztechnik der TH Aachen

9. Bezeichnungen

H	=	größte Kühlturmhöhe
h	=	laufende Kühlturmhöhe
d	=	Kühlturmdurchmesser
d_{min}	=	" an der engsten Stelle (Hals)
k	=	Rauhigkeitshöhe
c_p	=	$\frac{p}{q_{oo}}$ = Druckbeiwert
$c_{p_{r.m.s.}}$	=	σ_p = Standardabweichung des Druckbeiwertes (root-mean-square)
Δp	=	instationärer Druckanteil
q_{oo}	=	$\frac{\rho}{2} U_{oo}^2$ = Staudruck der ungestörten Anströmung
U_{oo}	=	Geschwindigkeit der ungestörten Anströmung
$\bar{q}$	=	Mittelwert des Staudruckes
q_φ	=	Staudruck an der Windmeßeinrichtung
R_{ik}	=	Korrelationsfunktion der Zeitfunktion i und k
$S(f)$	=	Auto-Spektraldichte
$CS(f)$	=	Cross-Spektraldichte
f	=	Frequenz und allgem. Funktionsausdruck
Str.	=	Strouhalzahl = $\frac{d \cdot f}{U_{oo}}$
T	=	Meßzeit
T_s	=	Sturmdauer
T_m	=	optimales Zeitintervall zur Kurzzeitanalyse
t	=	Zeit
$k_{i,k}(\tau)$	=	Korrelationsfaktor der Funktionen i und k in Abhängigkeit von der Zeitverschiebung τ
$\bar{k}$	=	mittlerer Korrelationsfaktor bezogen auf eine vorgewählte Phasenverteilungsform
a_k	=	Faktor +1 oder -1

w	=	Gesamtwahrscheinlichkeit
w_1	=	Wahrscheinlichkeit der Drucküberschreitung
w_{2h}	=	Wahrscheinlichkeit vorgegebener Phasenverteilungsformen in horizontaler Richtung
w_{2v}	=	Wahrscheinlichkeit vorgegebener Phasenverteilungsformen in vertikaler Richtung
N	=	Anzahl Meßwerte
N_k	=	Anzahl der Überschreitungen des Druckniveaus $\frac{\Delta p}{\bar{q}}$
N_o	=	Anzahl der Überschreitungen des Nullniveaus $\Delta p = 0$
n_o	=	Anzahl der Einzelereignisse (Druckschwankung) in der Minute
m_o	=	mittlere Anzahl der Gesamtereignisse (Druckschwankung) in der Minute
M	=	Anzahl der wahrscheinlichen Ereignisse
M_o	=	Anzahl der Gesamtereignisse
r	=	1,2,3 ...
B	=	Index für Bezugspunkt
λ	=	$\frac{H}{d_{min}}$ = Streckung
φ	=	Umfangswinkel
ρ	=	Luftdichte
τ	=	$j \cdot \Delta\tau$ = Zeitverschiebung
$\Delta\tau$	=	Zeitintervall
σ	=	r.m.s.-Wert = Standardabweichung
α	=	Exponent zur Abschätzung der Gesamtwahrscheinlichkeit in vertikaler Richtung

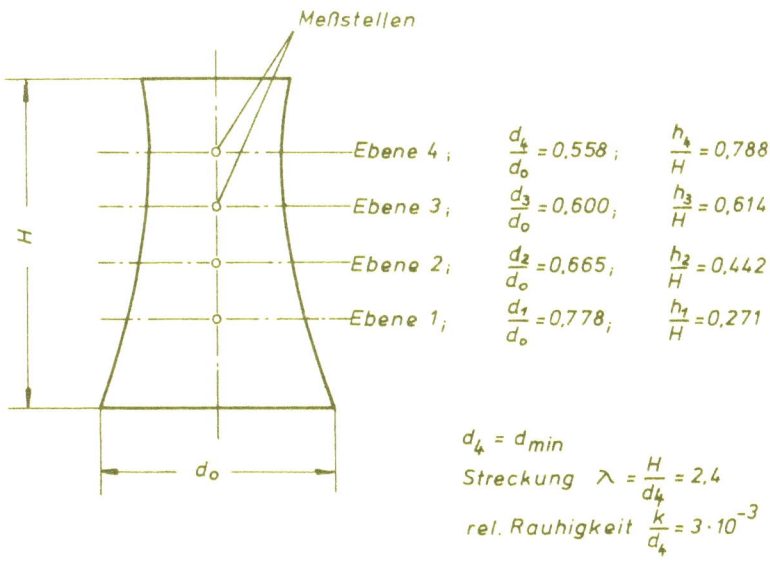
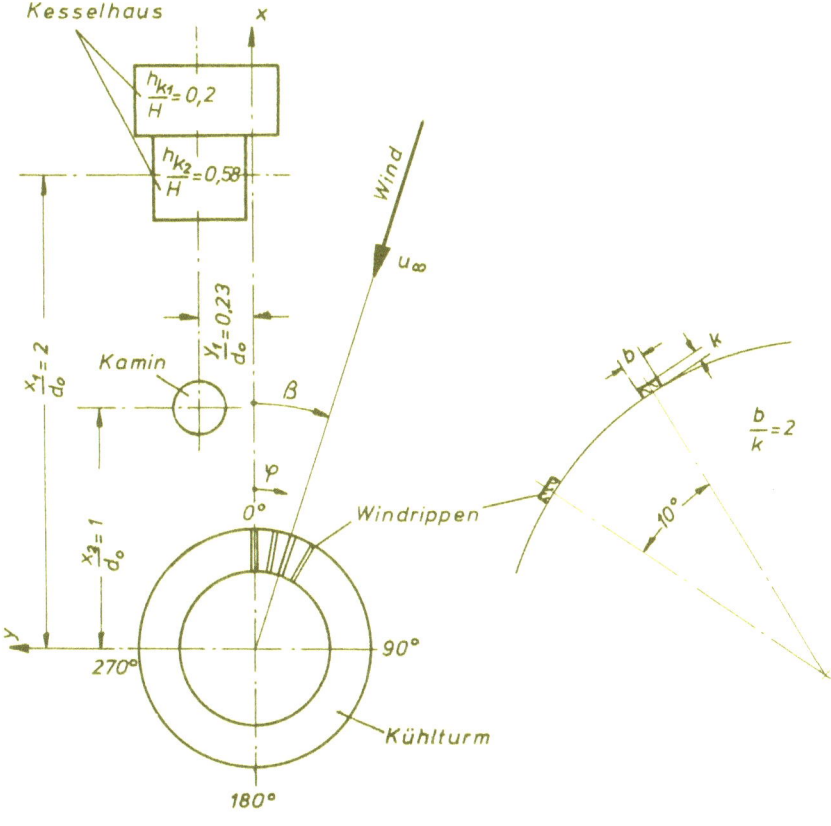

Bild 1: Windkanalmodell, $d_o = 300$ mm, $H = 407$ mm

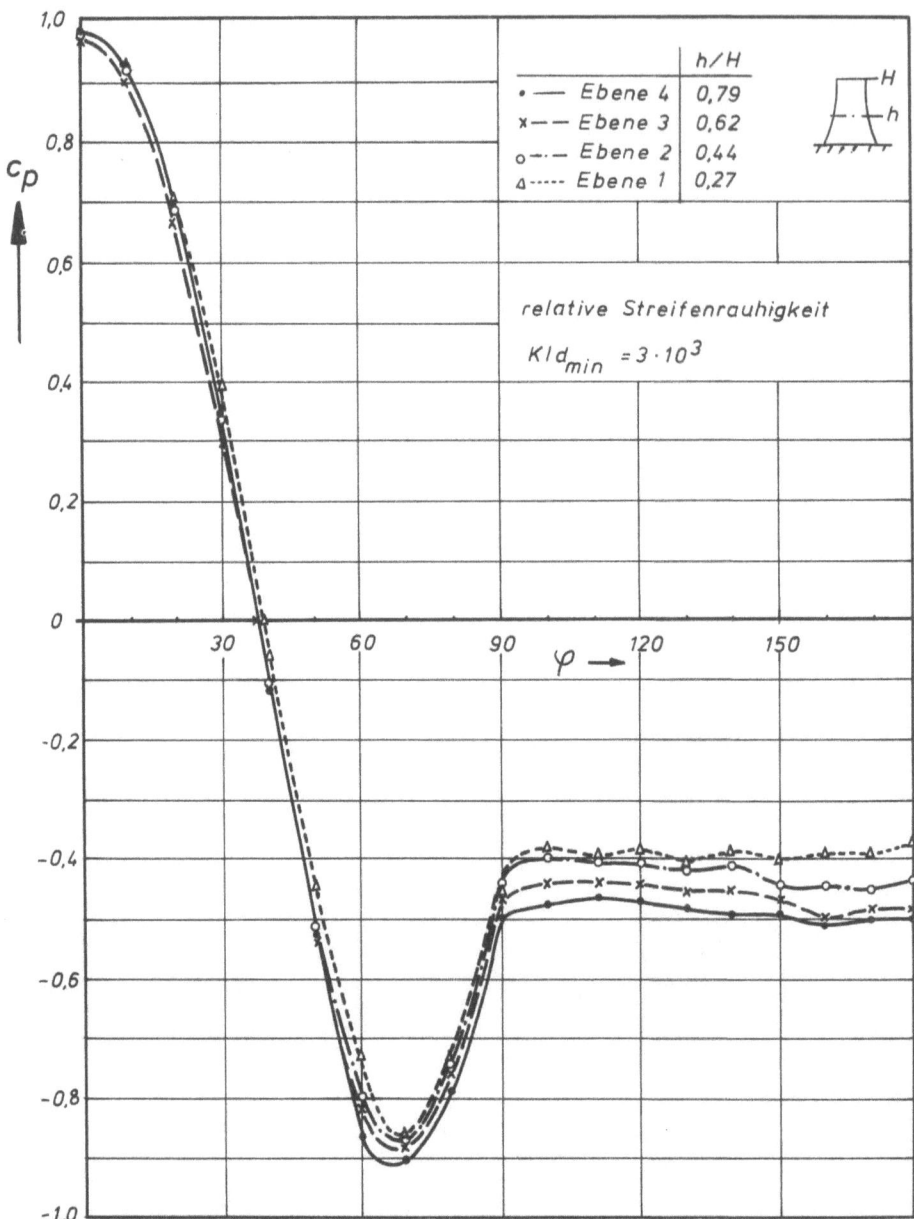

Bild 2: Mittlerer Druckbeiwert c_p an einem hyperbolischen Kühlturmmodell in 4 Ebenen bei gleichförmiger Anströmung. $Re = 6 \cdot 10^5$

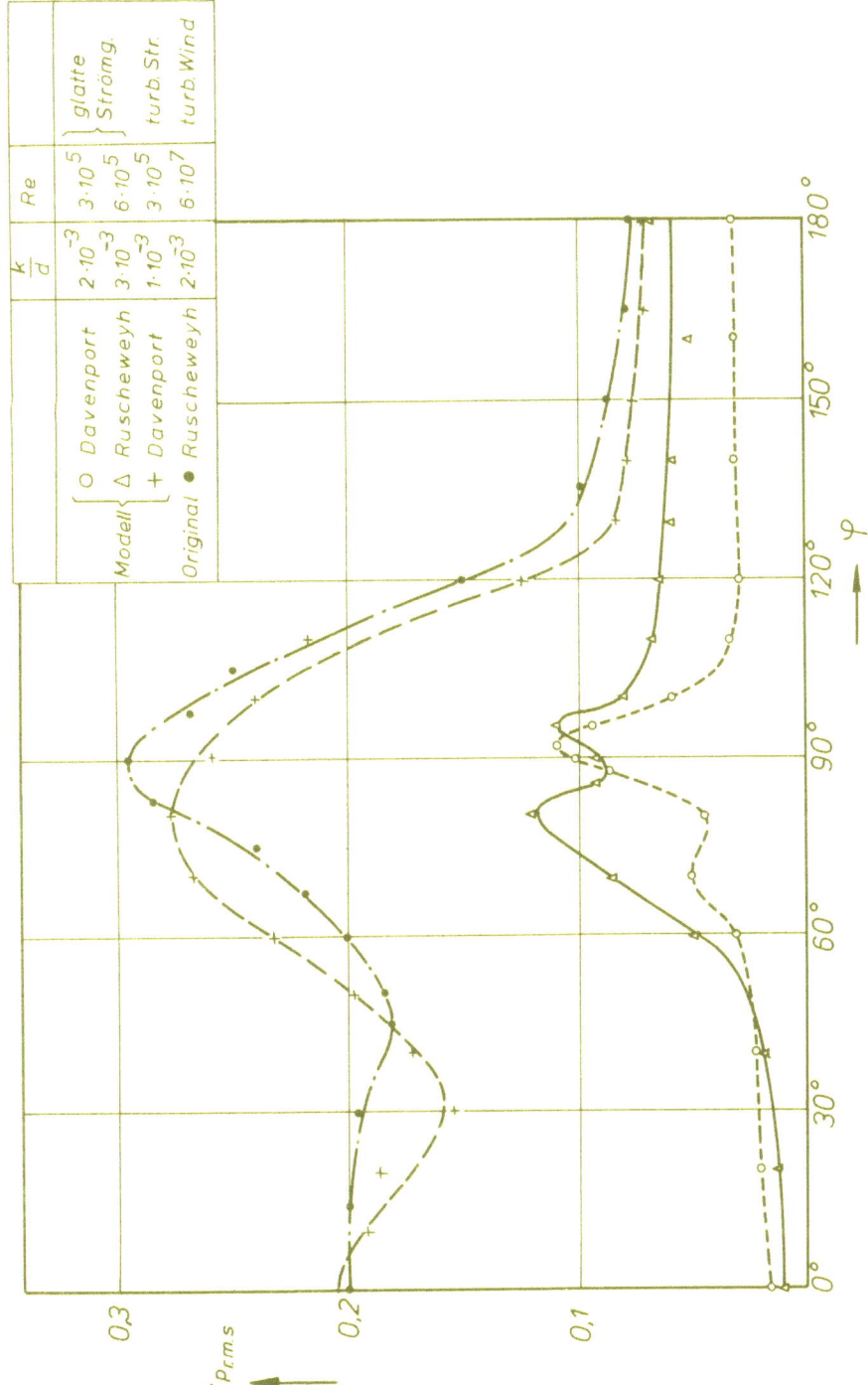

Bild 3: Instationäre Druckbeiwerte $c_{p_{r.m.s.}}$ am Hals eines freistehenden hyperbolischen Naturzugkühlturmes bei glatter und turbulenter Anströmung.

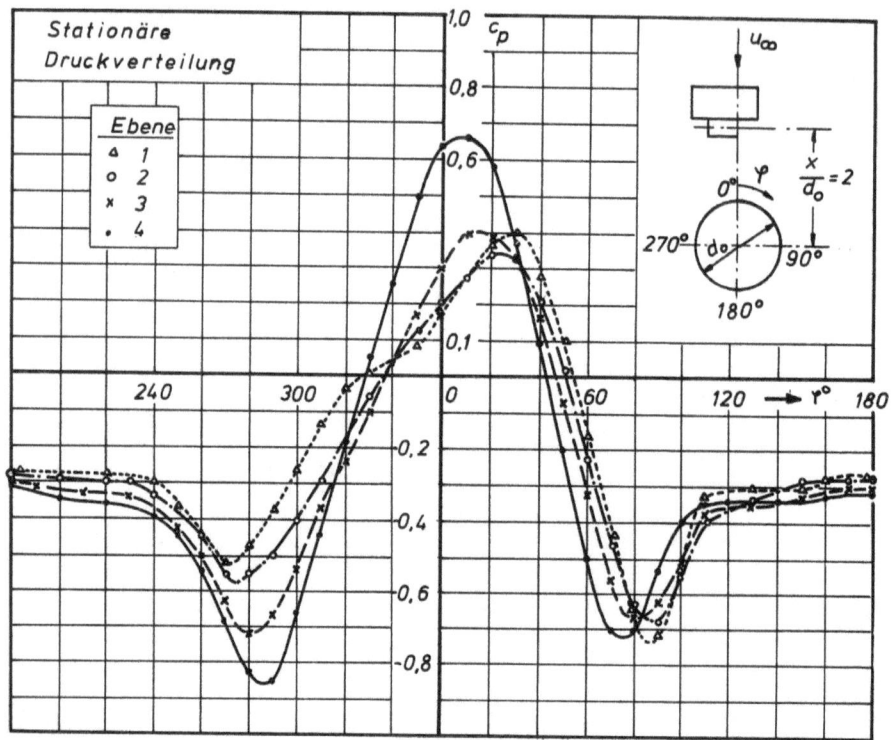

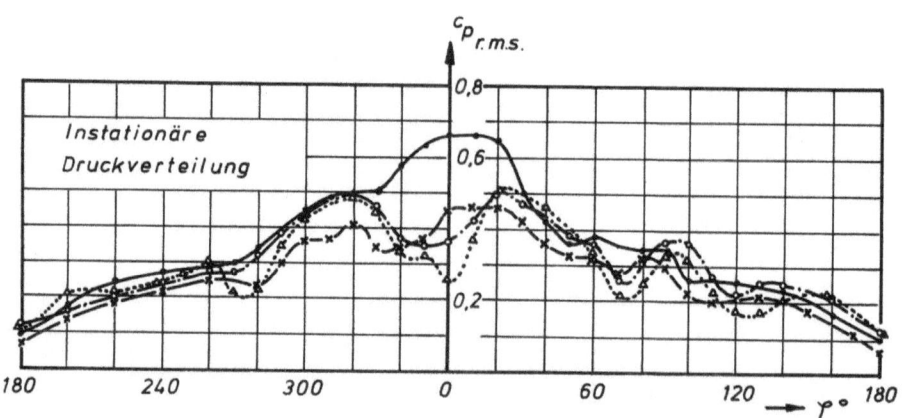

Bild 4: Mittlere und instationäre Druckverteilungen an einem hyperbolischen Kühlturmmodell mit vorgelagertem Kraftwerksgebäude. $\beta = 0°$, $Re = 6 \cdot 10^5$

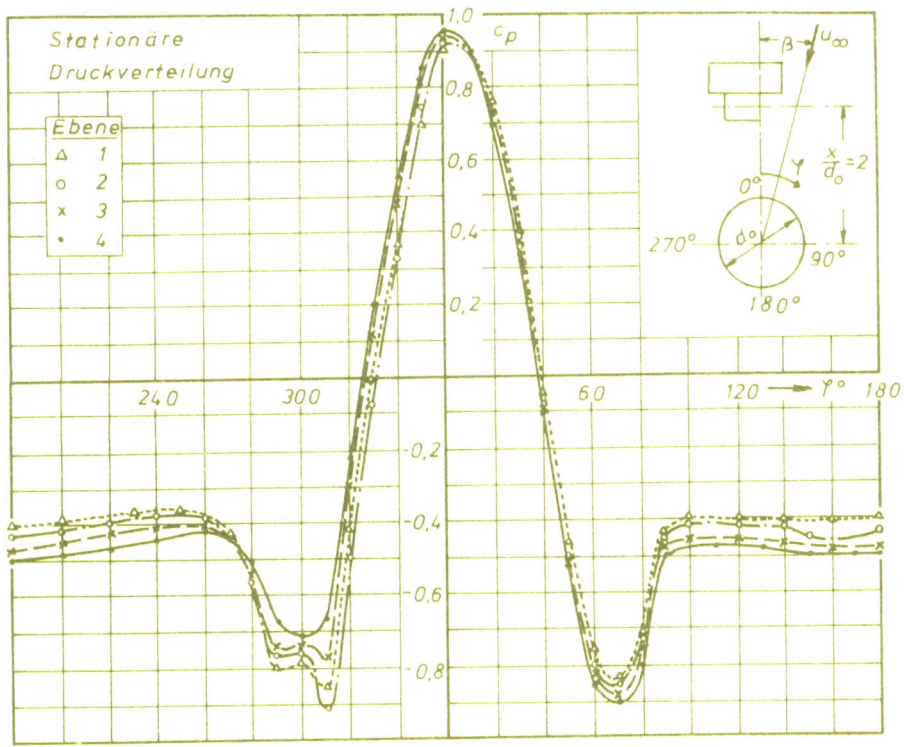

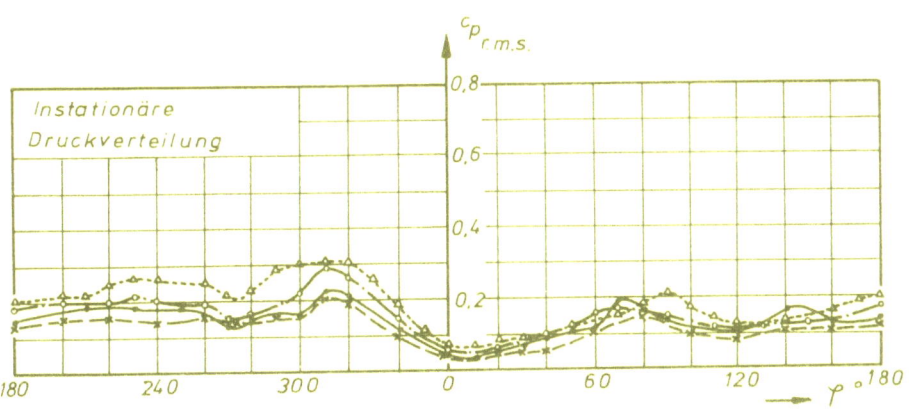

Bild 5: Mittlere und instationäre Druckverteilungen an einem hyperbolischen Kühlturmmodell mit vorgelagertem Kraftwerksgebäude. $\beta = 15°$, $Re = 6 \cdot 10^5$

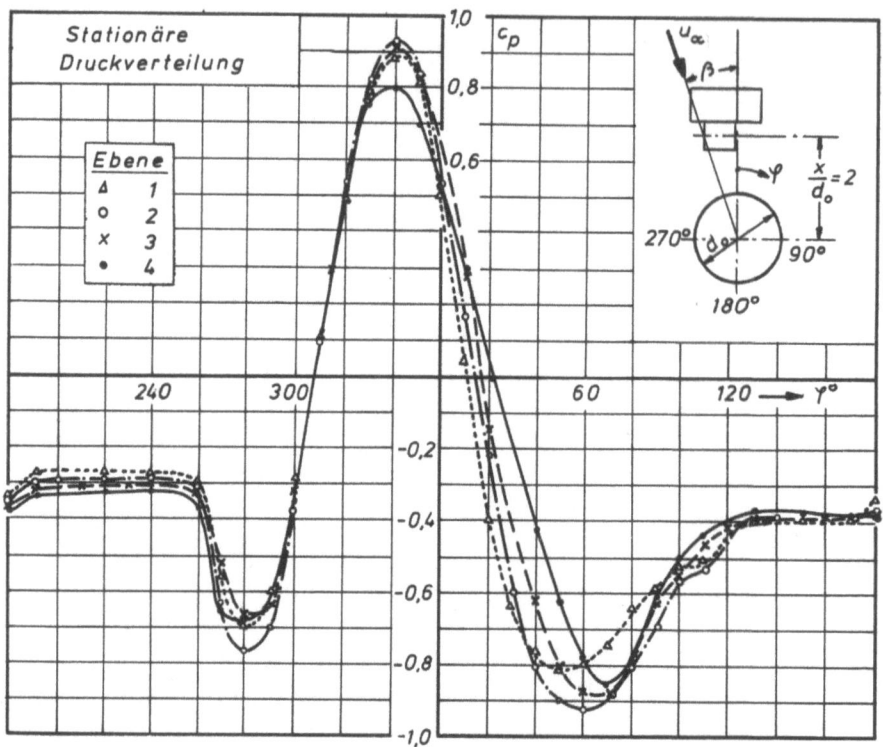

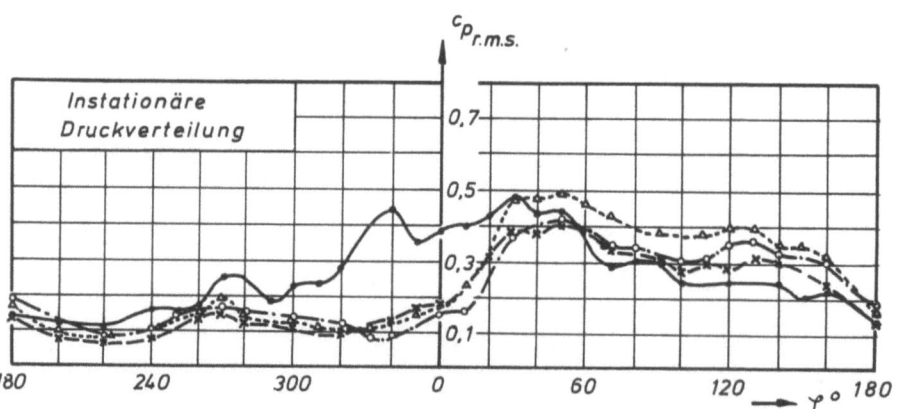

Bild 6: Mittlere und instationäre Druckverteilungen an einem hyperbolischen Kühlturmmodell mit vorgelagertem Kraftwerksgebäude. $\beta = -15°$, $Re = 6 \cdot 10^5$

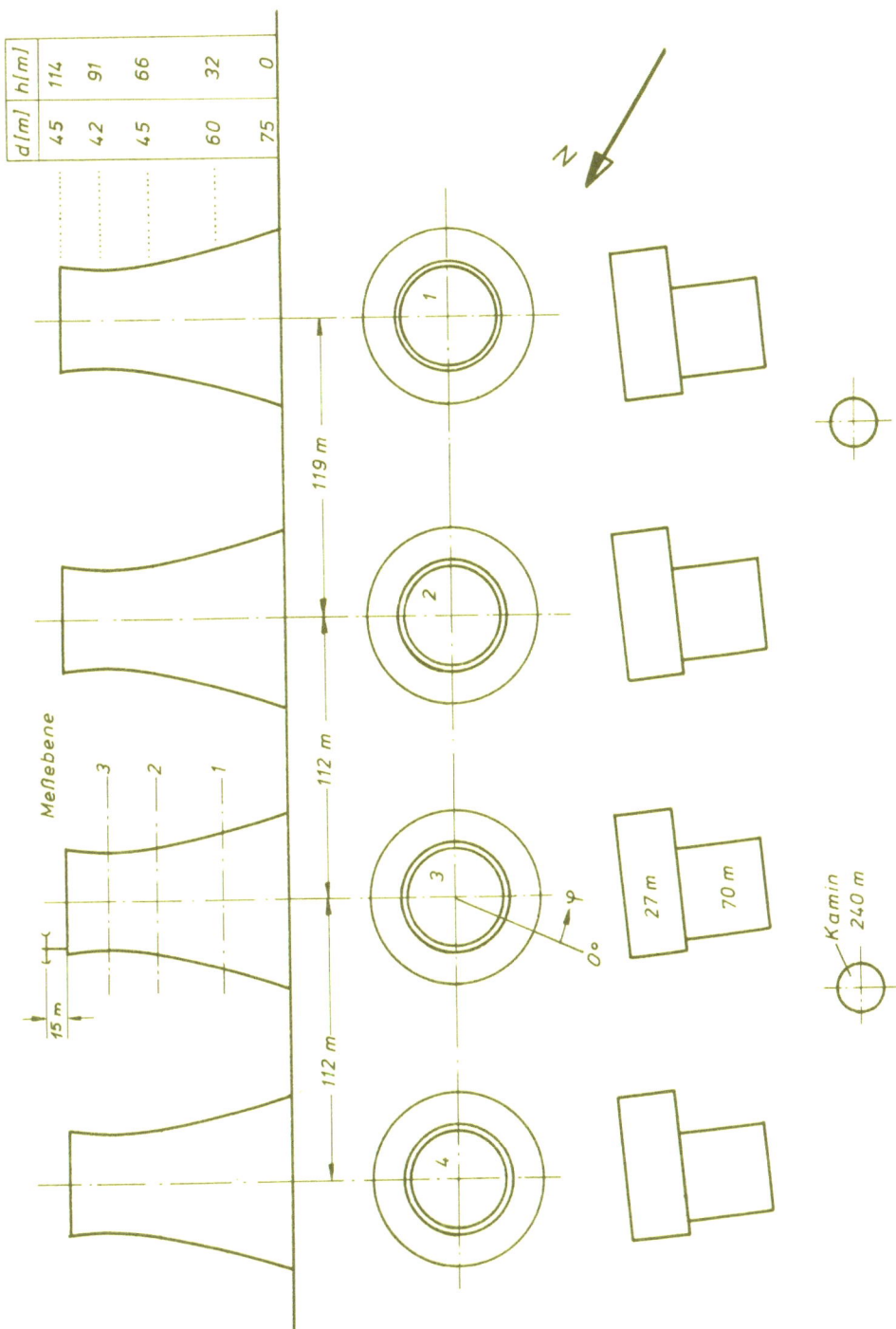

Bild 7: Kühlturmgruppe Typ Scholven, Meßanordnung.

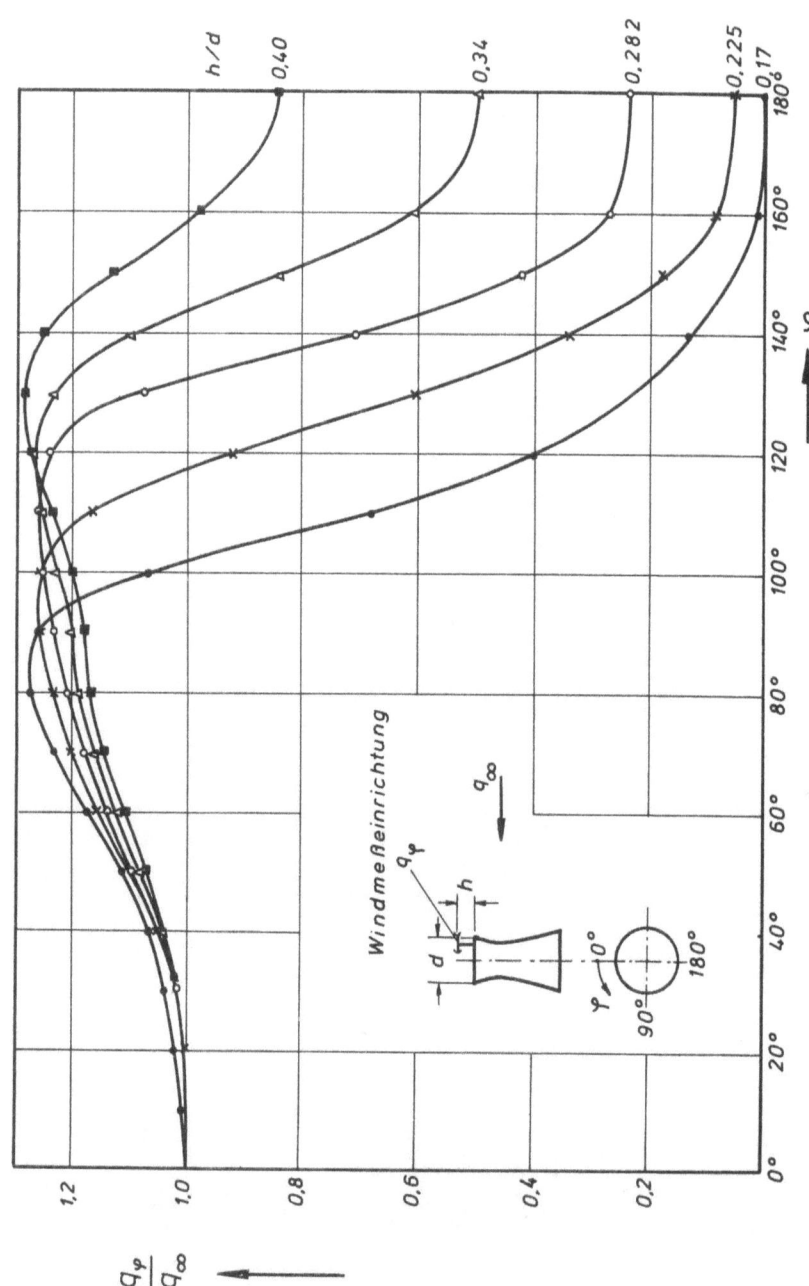

Bild 8: Randeinfluß auf die Anzeige des Windstaudruckes q_φ in der Höhe h/d über dem oberen Kühlturmrand.

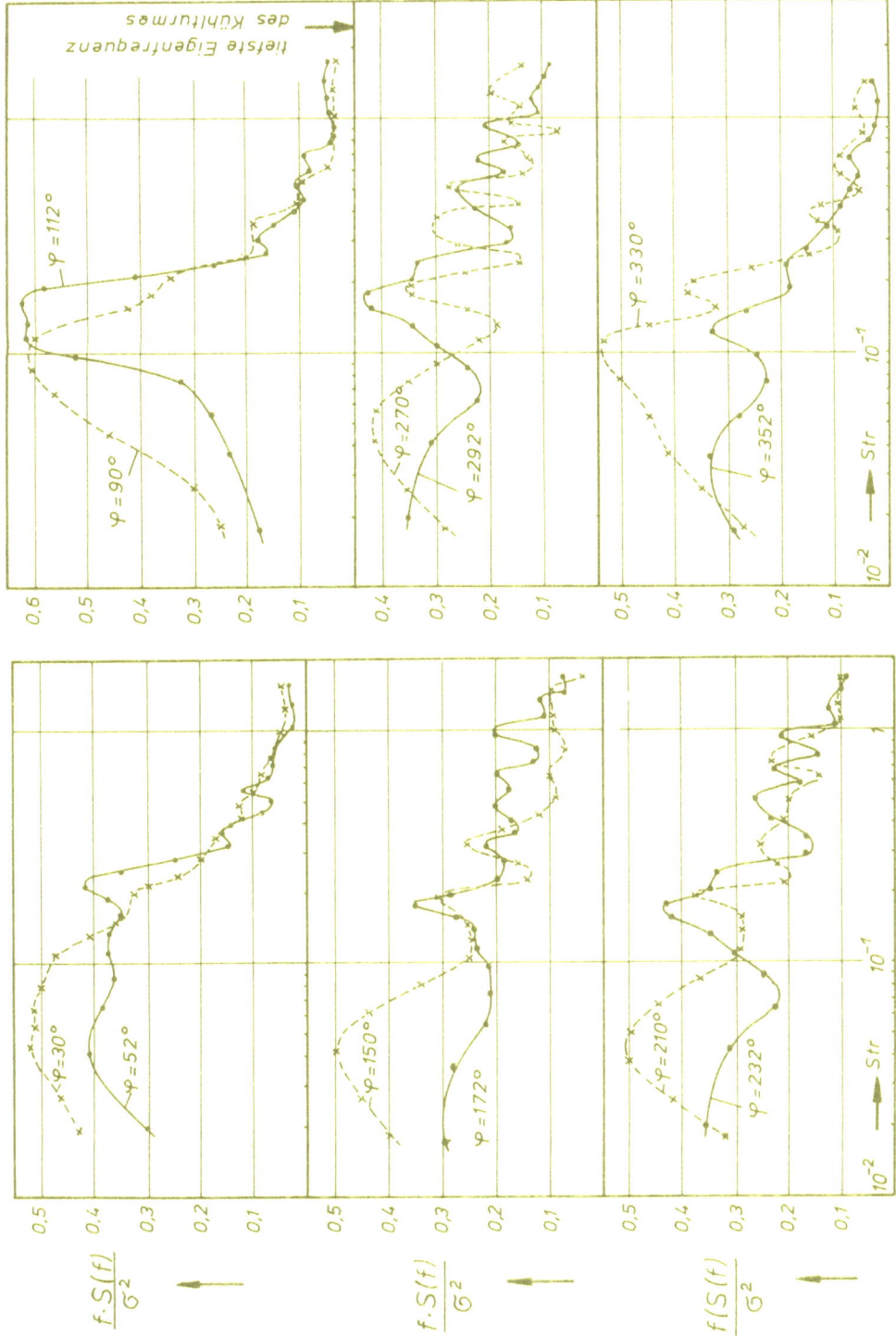

Bild 9: Normiertes log. Frequenzspektrum der Druckschwankung in Ebene 3 d. Kühlturmes.

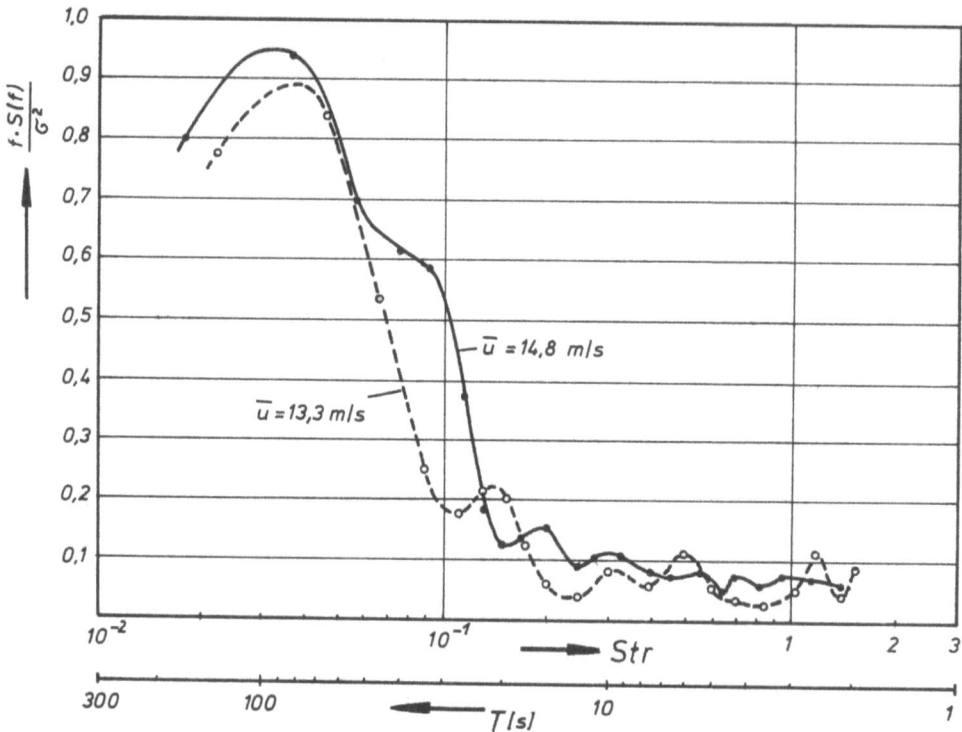

Bild 10: Normiertes log. Spektrum der Windgeschwindigkeit in 15 m Höhe über dem Kühlturm

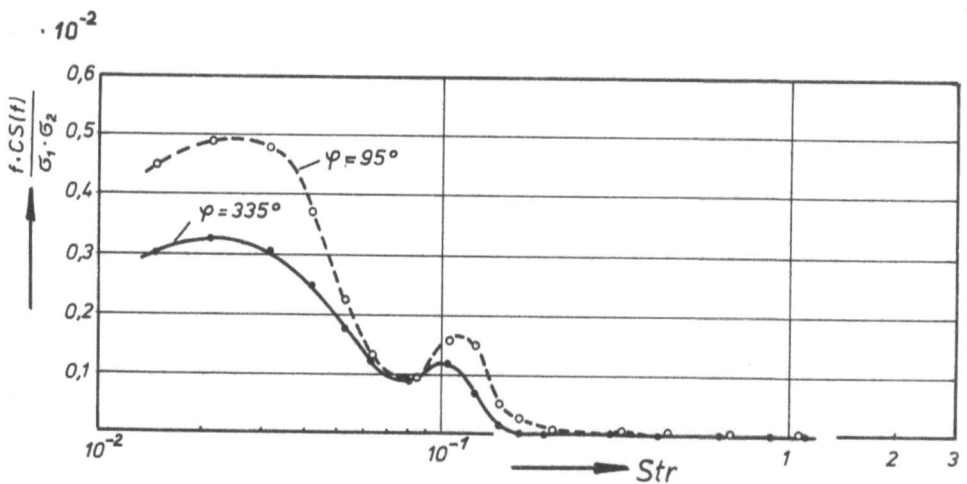

Bild 11: Normiertes log. Cross-Spektrum zweier Meridianschnitte zwischen Ebene 3 und Ebene 2

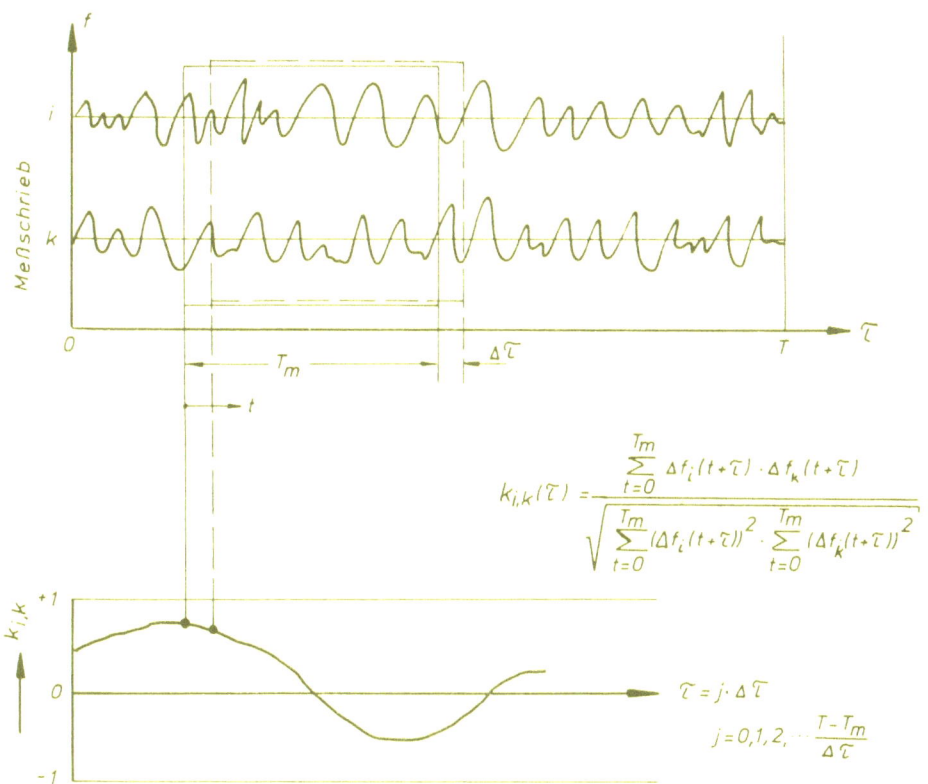

Bild 12a: Kurzzeitkorrelation $k_{i,k}(\tau)$ zwischen zwei Meßschrieben i und k in Abhängigkeit von der zeitlichen Lage τ des Meßzyklus der Länge T_m.

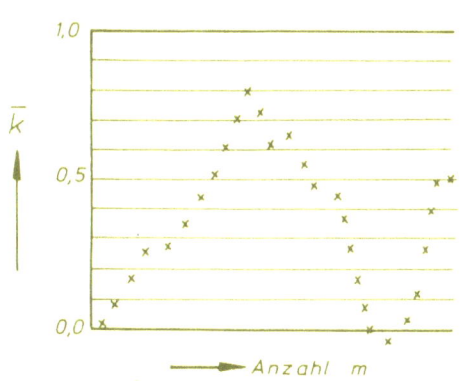

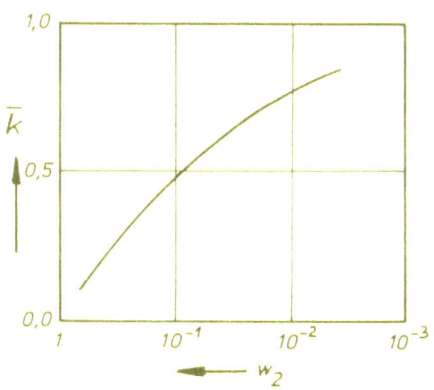

Bild 12b: Klassifizierung des mittleren Korrelationswertes $\bar{k}$

Bild 12c: Wahrscheinlichkeit w_2 des im Mittel einmaligen Auftretens von $\bar{k}$.

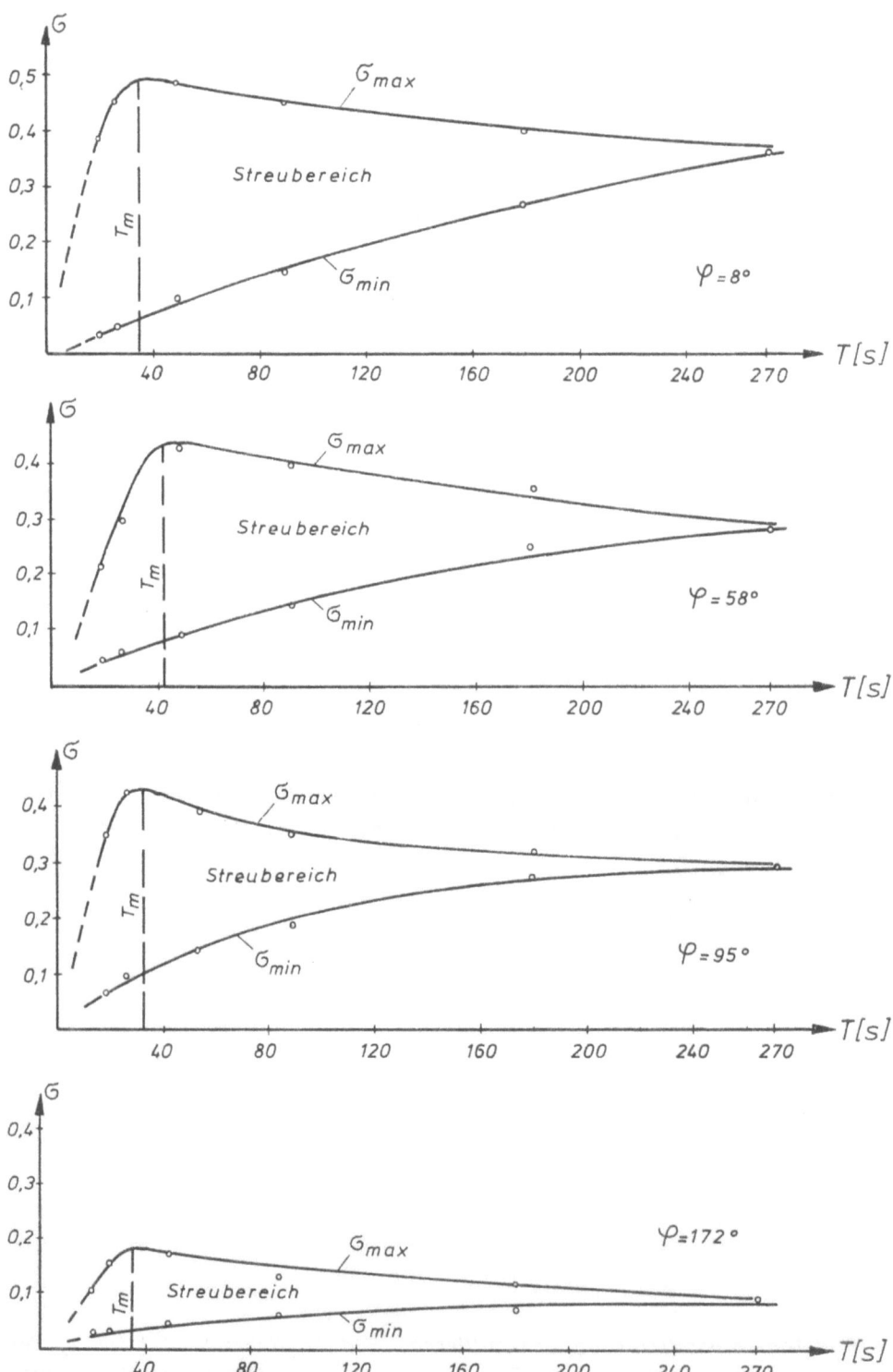

Bild 13: Standardabweichung σ der instationären Drücke $\Delta p/\bar{q}$ in Abhängigkeit von der Meßzeit T bei verschiedenen Umfangswinkeln φ.

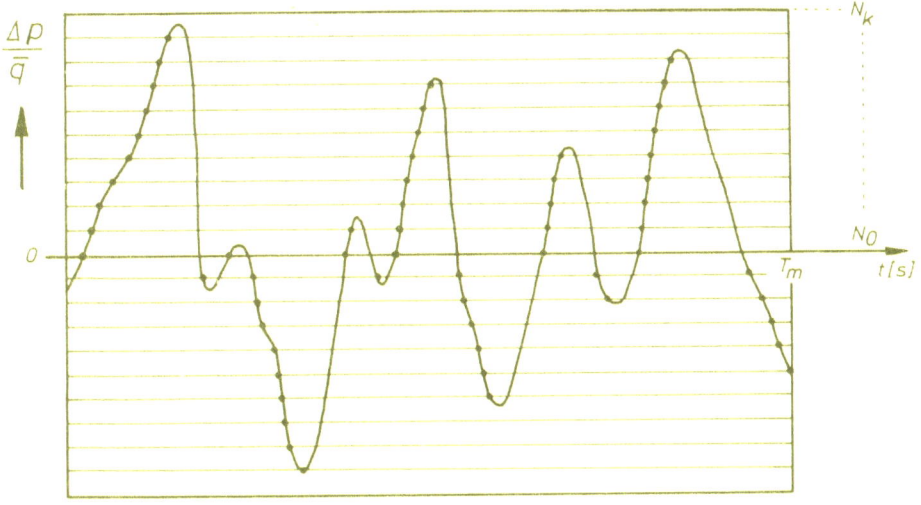

N_k = Anzahl der Überschreitungen des Druckniveaus $(\Delta p/\bar{q})_k$

$N_0 = n_0 \cdot T$ = Anzahl der Überschreitungen des Nullniveaus $\Delta p = 0$

$w_1 = \dfrac{N_k}{N_0} = \dfrac{N_k}{n_0 \cdot T}$

Bild 14: Überschreitungshäufigkeiten des instationären Druckverlaufs (nach DIN 45 667, 4.1)

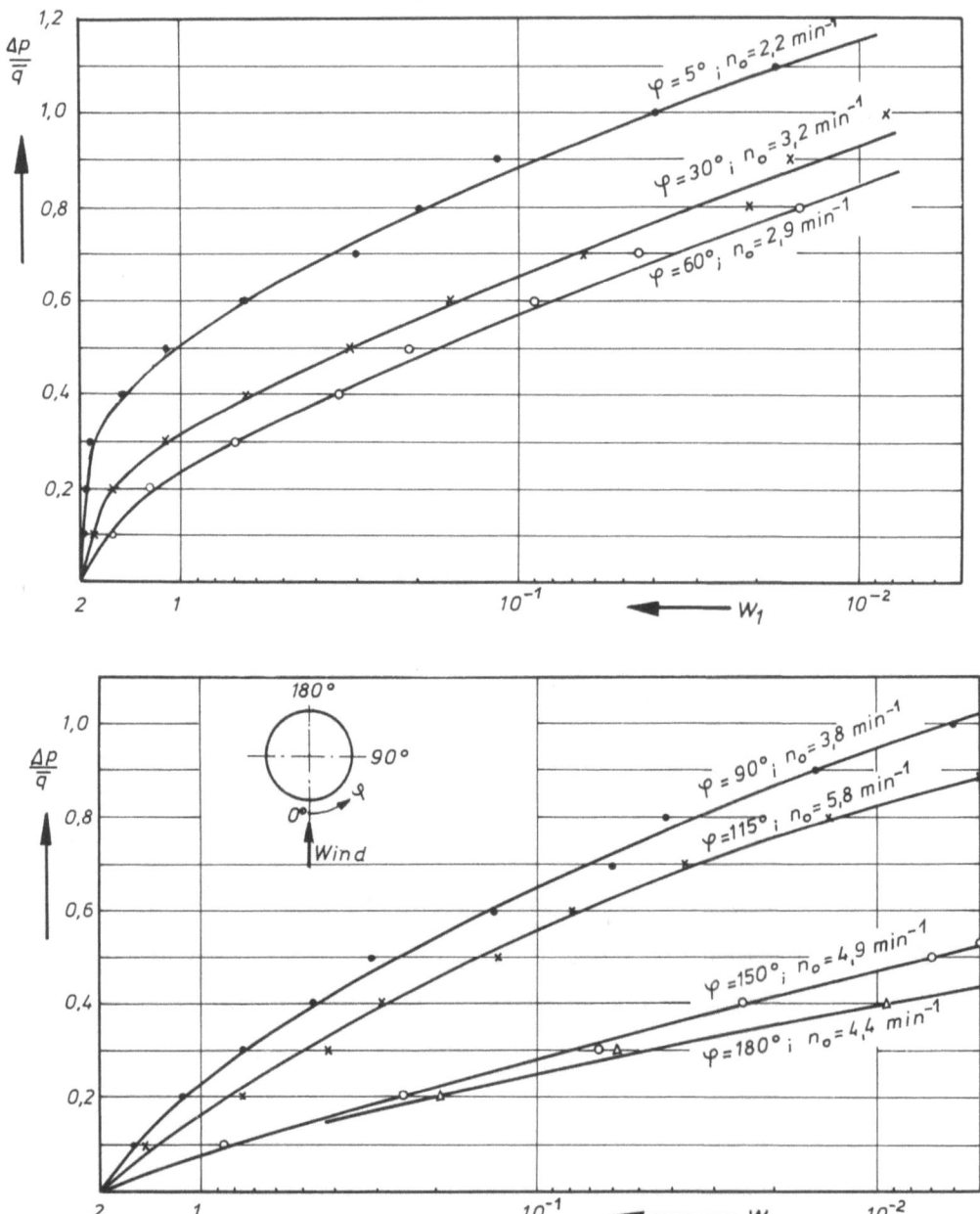

Bild 15: Instationärer Druckbeiwert $\Delta p/\bar{q}$ im engsten Querschnitt eines hyperbolischen Naturzugkühlturmes bei verschiedenen Umfangswinkeln φ in Abhängigkeit von der Wahrscheinlichkeit w_1 der im Mittel einmaligen Niveauüberschreitung

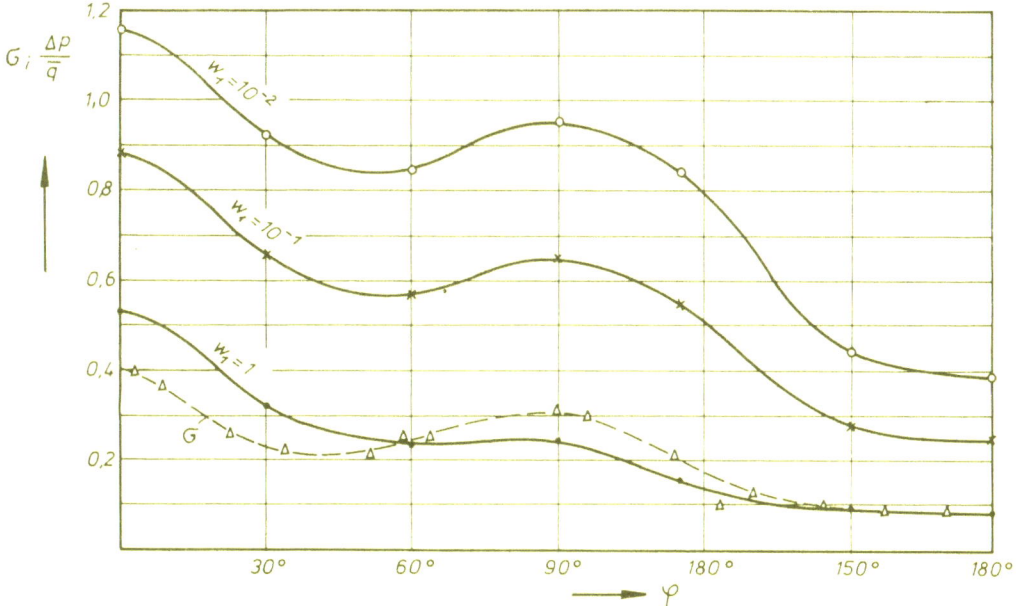

Bild 16: Instationärer Druckbeiwert $\Delta p/\bar{q}$ (φ) bei verschiedenen Wahrscheinlichkeiten w_1 seines im Mittel einmaligen Auftretens im Vergleich zur Standardabweichung G (Kühlturm mit Kraftwerk).

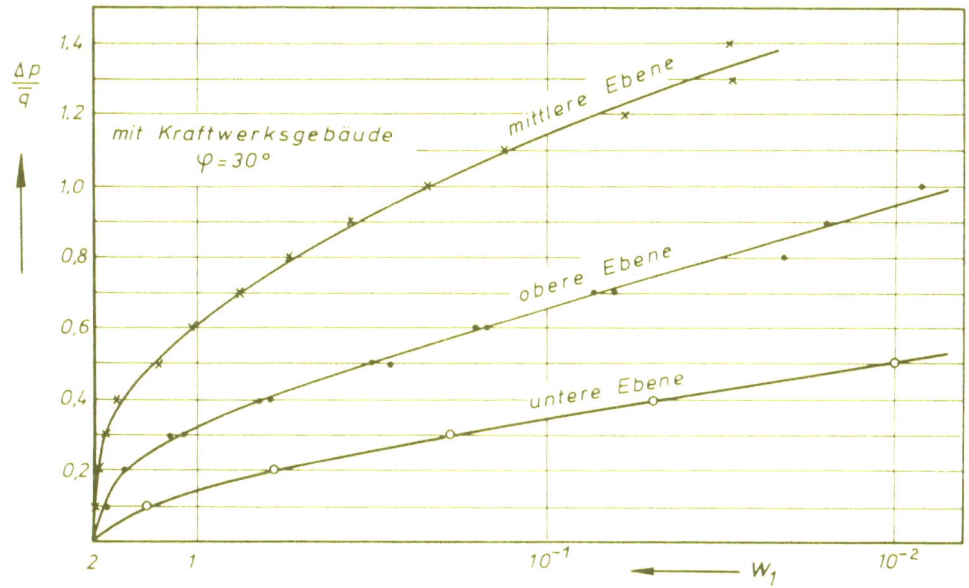

Bild 17: Instationärer Druckbeiwert $\Delta p/\bar{q}$ in den verschiedenen Meßebenen in Abhängigkeit von der Wahrscheinlichkeit w_1 der im Mittel einmaligen Niveauüberschreitung (Kühlturm mit Kraftwerk).

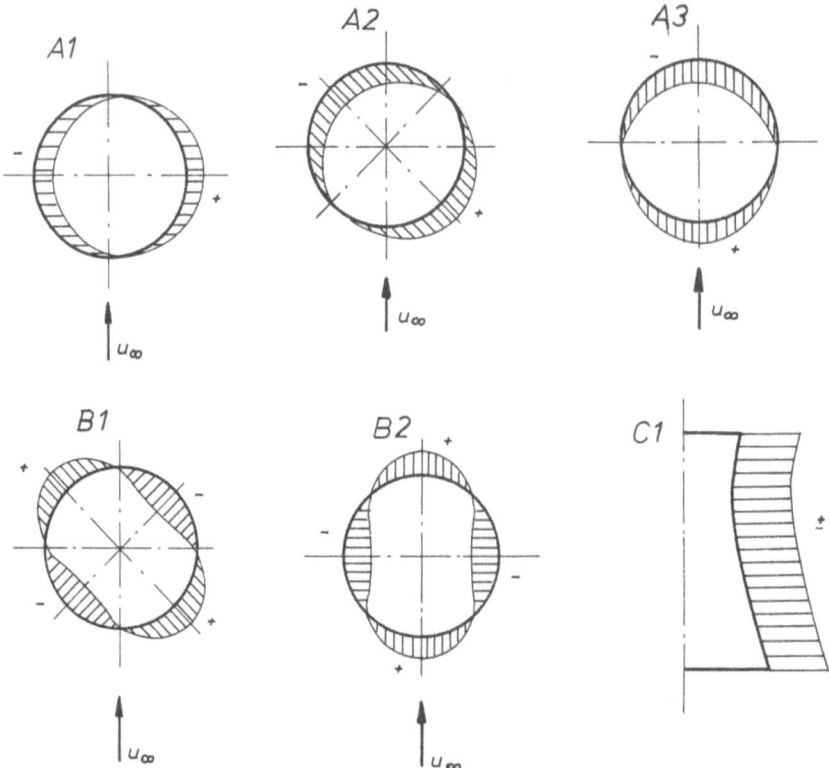

Bild 18: Angenommene Phasenverteilungsformen der instationären Winddrücke am hyperbolischen Kühlturm in Umfangs- (A1 - B2) und Meridianrichtung (C1)

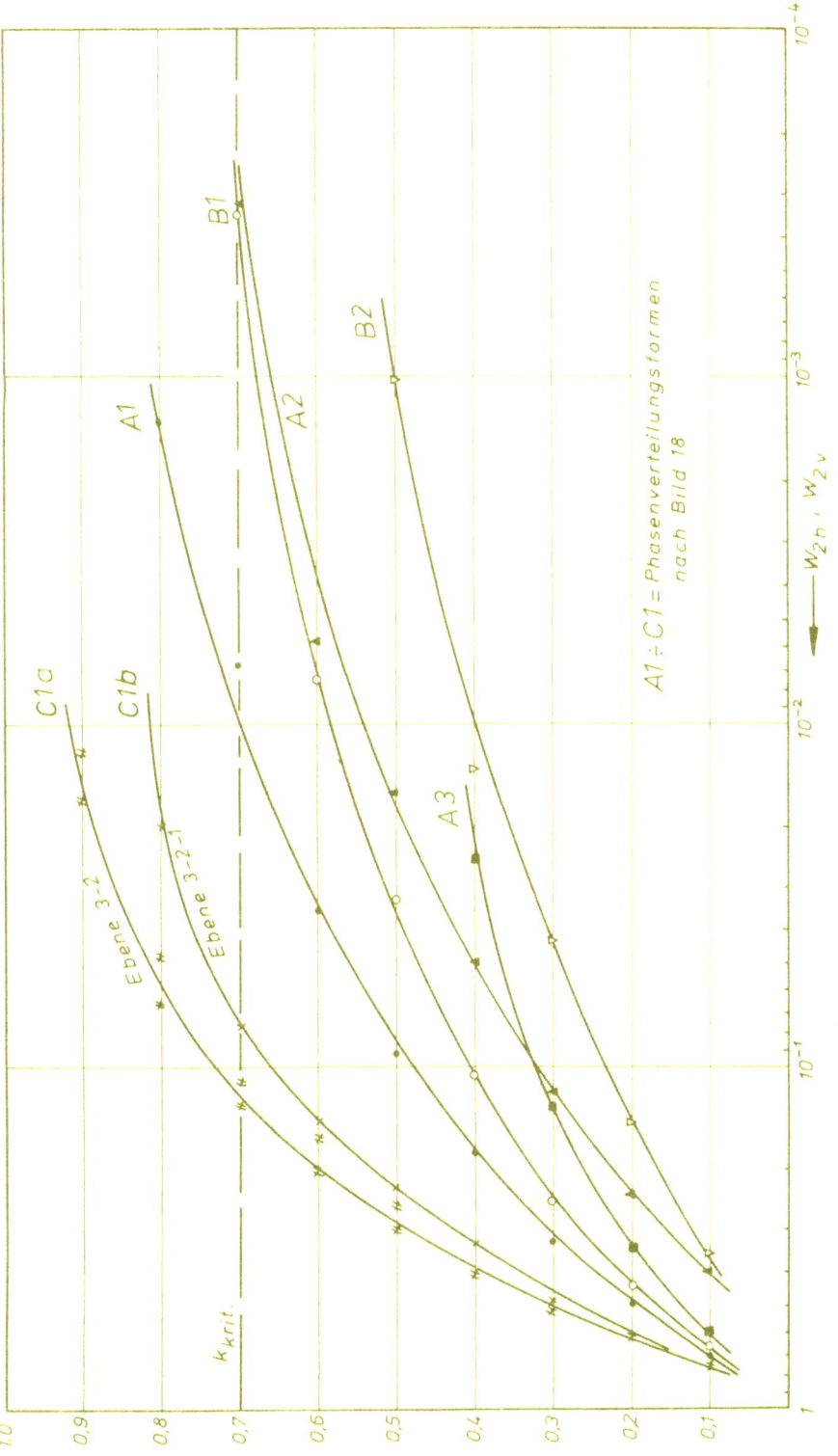

Bild 19: Mittlerer Korrelationswert $\bar{k}$ der Phasenverteilungsformen A1–C1 an einem hyperbolischen Selbstzugkühlturm mit vorgelagertem Kraftwerk. Sein Auftreten ist im Mittel einmal wahrscheinlich mit der Wahrscheinlichkeit w_{2h} (Umfangsrichtung) und w_{2v} (Meridianrichtung)

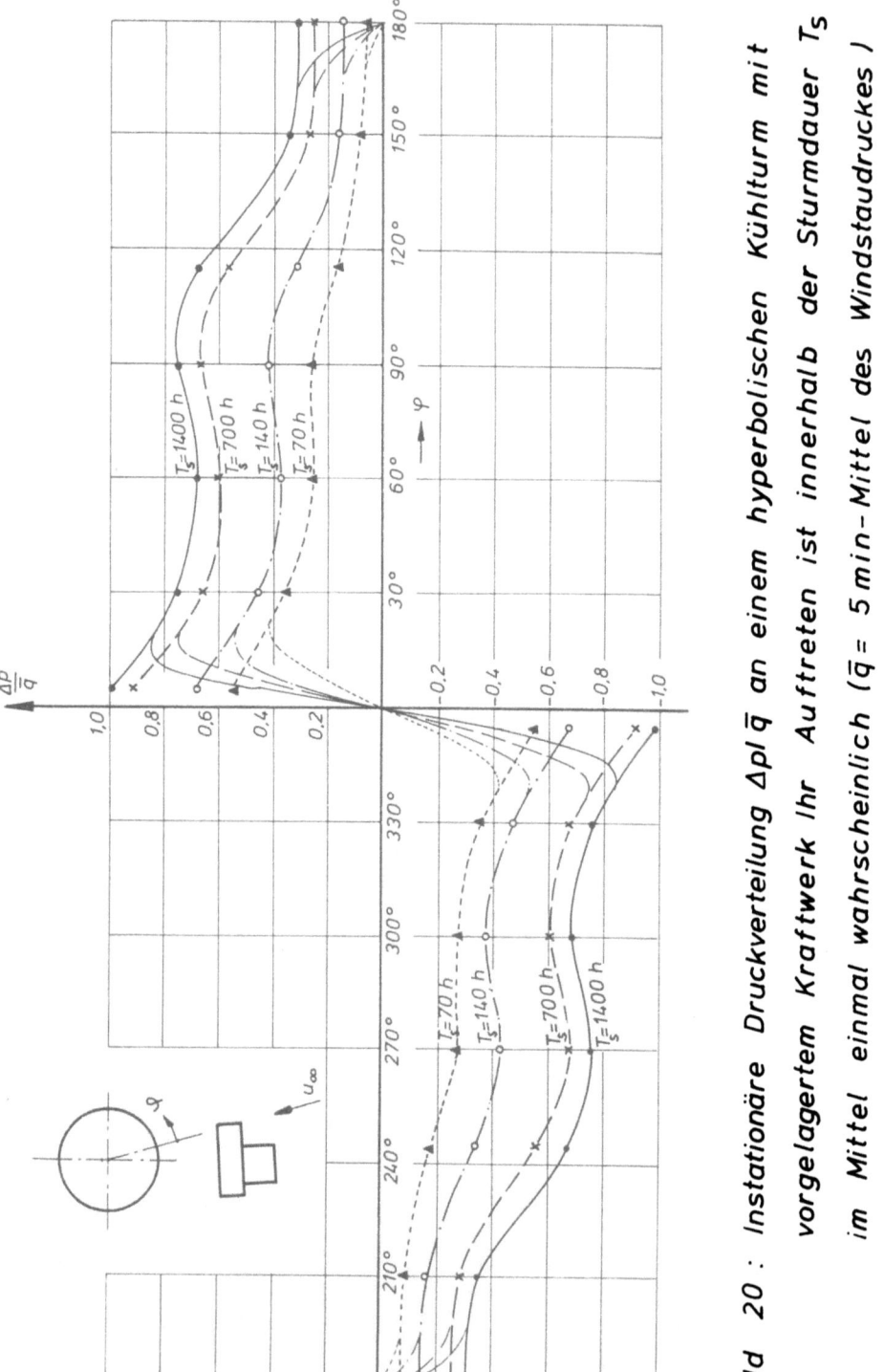

Bild 20 : Instationäre Druckverteilung $\Delta p/\bar{q}$ an einem hyperbolischen Kühlturm mit vorgelagertem Kraftwerk Ihr Auftreten ist innerhalb der Sturmdauer T_S im Mittel einmal wahrscheinlich ($\bar{q}$ = 5 min-Mittel des Windstaudruckes)

Forschungsberichte des Landes Nordrhein-Westfalen

Herausgegeben im Auftrage des Ministerpräsidenten Heinz Kühn
vom Minister für Wissenschaft und Forschung Johannes Rau

Sachgruppenverzeichnis

Acetylen · Schweißtechnik
Acetylene · Welding gracitice
Acétylène · Technique du soudage
Acetileno · Técnica de la soldadura
Ацетилен и техника сварки

Arbeitswissenschaft
Labor science
Science du travail
Trabajo científico
Вопросы трудового процесса

Bau · Steine · Erden
Constructure · Construction material ·
Soilresearch
Construction · Matériaux de construction ·
Recherche souterraine
La construcción · Materiales de construcción ·
Reconocimiento del suelo
Строительство и строительные материалы

Bergbau
Mining
Exploitation des mines
Minería
Горное дело

Biologie
Biology
Biologie
Biologia
Биология

Chemie
Chemistry
Chimie
Quimica
Химия

Druck · Farbe · Papier · Photographie
Printing · Color · Paper · Photography
Imprimerie · Couleur · Papier · Photographie
Artes gráficas · Color · Papel · Fotografía
Типография · Краски · Бумага · Фотография

Eisenverarbeitende Industrie
Metal working industry
Industrie du fer
Industria del hierro
Металлообрабатывающая промышленность

Elektrotechnik · Optik
Electrotechnology · Optics
Electrotechnique · Optique
Electrotécnica · Optica
Электротехника и оптика

Energiewirtschaft
Power economy
Energie
Energía
Энергетическое хозяйство

Fahrzeugbau · Gasmotoren
Vehicle construction · Engines
Construction de véhicules · Moteurs
Construcción de vehículos · Motores
Производство транспортных средств

Fertigung
Fabrication
Fabrication
Fabricación
Производство

Funktechnik · Astronomie
Radio engineering · Astronomy
Radiotechnique · Astronomie
Radiotécnica · Astronomía
Радиотехника и астрономия

Gaswirtschaft
Gas economy
Gaz
Gas
Газовое хозяйство

Holzbearbeitung
Wood working
Travail du bois
Trabajo de la madera
Деревообработка

Hüttenwesen · Werkstoffkunde
Metallurgy · Materials research
Métallurgie · Matériaux
Metalurgia · Materiales
Металлургия и материаловедение

Kunststoffe
Plastics
Plastiques
Plásticos
Пластмассы

Luftfahrt · Flugwissenschaft
Aeronautics · Aviation
Aéronautique · Aviation
Aeronáutica · Aviación
Авиация

Luftreinhaltung
Air-cleaning
Purification de l'air
Purificación del aire
Очищение воздуха

Maschinenbau
Machinery
Construction mécanique
Construcción de máquinas
Машиностроительство

Mathematik
Mathematics
Mathématiques
Matemáticas
Математика

Medizin · Pharmakologie
Medicine · Pharmacology
Médecine · Pharmacologie
Medicina · Farmacología
Медицина и фармакология

NE-Metalle
Non-ferrous metal
Metal non ferreux
Metal no ferroso
Цветные металлы

Physik
Physics
Physique
Física
Физика

Rationalisierung
Rationalizing
Rationalisation
Racionalización
Рационализация

Schall · Ultraschall
Sound · Ultrasonics
Son · Ultra-son
Sonido · Ultrasónico
Звук и ультразвук

Schiffahrt
Navigation
Navigation
Navegación
Судоходство

Textilforschung
Textile research
Textiles
Textil
Вопросы текстильной промышленности

Turbinen
Turbines
Turbines
Turbinas
Турбины

Verkehr
Traffic
Trafic
Tráfico
Транспорт

Wirtschaftswissenschaften
Political economy
Economie politique
Ciencias económicas
Экономические науки

Einzelverzeichnis der Sachgruppen bitte anfordern

Westdeutscher Verlag GmbH
– Auslieferung Opladen –
567 Opladen, Postfach 1620

MIX
Papier aus verantwortungsvollen Quellen
Paper from responsible sources
FSC® C105338

If you have any concerns about our products,
you can contact us on
ProductSafety@springernature.com

In case Publisher is established outside the EU,
the EU authorized representative is:
**Springer Nature Customer Service Center GmbH
Europaplatz 3, 69115 Heidelberg, Germany**

Printed by Libri Plureos GmbH
in Hamburg, Germany